土系舗装ハンドブック
（歩道用）

独立行政法人土木研究所

表紙写真：名畑文巨

発刊によせて

　平成20年度国土交通白書では、国土交通行政の動向の一つとして、心地よい生活空間の創出が挙げられている。この中で、歩行者・自転車優先の道づくりの推進として、歩くことを通じた健康の増進や魅力ある地域作りの支援のためのウォーキング・トレイル事業の推進等、質の高い歩行空間の形成が重要な課題として取り上げられている。

　一方、舗装分野においては、歩きやすい舗装、景観に配慮した舗装を実現すべく、これまでも技術開発が進められてきている。具体的には、柔らかさを重視した弾性舗装、路面温度の上昇を抑制する保水性舗装や遮熱性舗装など多岐にわたるが、その中で、土系舗装は、自然に近い風合いがあること、路面温度の上昇抑制が期待されること、比較的安価であることから、今後の整備が期待される舗装技術の一つである。

　独立行政法人土木研究所では、この土系舗装に着目し、平成18年度から民間企業8社（6グループ）との共同研究として「土系舗装の実道への適用に向けた研究」を行っている。

　本書ではこれら共同研究で得られた試験データおよび検討の際に得られた知見をとりまとめ、歩道における土系舗装の設計方法、施工方法、品質管理方法および性能評価手法、事後調査項目等をとりまとめたものである。

　本書が、今後の土系舗装普及の一助となれば幸いである。

平成21年8月

独立行政法人土木研究所
理事長　坂本　忠彦

目　　次

1．総　　説 …………………………………………………………… 1
1-1　概説 ………………………………………………………… 1
1-2　土系舗装の概要 …………………………………………… 2
1-3　土系舗装の事前調査から総合評価まで ………………… 4
1-4　適用する工法の分類（区分） …………………………… 5

2．事前調査 …………………………………………………………… 6
2-1　概説 ………………………………………………………… 6
2-2　調査 ………………………………………………………… 6
2-2-1　環境条件 ……………………………………………… 6
2-2-2　現場条件 ……………………………………………… 8

3．設　　計 …………………………………………………………… 9
3-1　概説 ………………………………………………………… 9
3-2　設計条件の設定 …………………………………………… 9
3-2-1　環境条件 ……………………………………………… 9
3-2-2　車両の乗り入れ ………………………………………10
3-2-3　設計期間 ………………………………………………10
3-3　工法の選定 …………………………………………………11
3-3-1　工法選定の考え方 ……………………………………11
3-3-2　土系舗装の選定 ………………………………………13
3-4　舗装の構造 …………………………………………………15
3-4-1　舗装構造例 ……………………………………………15
3-4-2　積雪寒冷地 ……………………………………………15
3-5　性能目標の設定 ……………………………………………16

4．材　　料 ……………………………………………………………17
4-1　概説 …………………………………………………………17
4-2　原料土 ………………………………………………………17
4-3　固化材 ………………………………………………………18

4－3－1　セメント系 …………………………………………… 18

　　　4－3－2　アスファルト ………………………………………… 19

　　　4－3－3　樹脂系 ……………………………………………… 19

　　4－4　表面処理材 …………………………………………………… 19

　　4－5　配合例 ………………………………………………………… 20

5．施　　工 ………………………………………………………………… 22

　　5－1　概説 …………………………………………………………… 22

　　5－2　施工概要 ……………………………………………………… 22

　　　5－2－1　路床工 ……………………………………………… 22

　　　5－2－2　路盤工 ……………………………………………… 23

　　　5－2－3　表層工 ……………………………………………… 23

　　5－3　出来形管理基準および検査基準 …………………………… 24

　　5－4　その他の確認事項 …………………………………………… 25

　　　5－4－1　目視パトロール調査 ……………………………… 25

　　　5－4－2　官能性評価 ………………………………………… 26

6．維持管理 ………………………………………………………………… 27

　　6－1　概説 …………………………………………………………… 27

　　6－2　土系舗装の損傷とその原因 ………………………………… 27

　　6－3　維持管理方法 ………………………………………………… 30

　　　6－3－1　表面の荒れ、摩耗、はがれ、タイヤ跡、きず、変

　　　　　　　　色の補修 …………………………………………… 30

　　　6－3－2　ひび割れ、段差、変形、ポットホール、洗掘の補修 … 30

　　　6－3－3　苔および雑草の除去 ……………………………… 30

7．評価の視点 ……………………………………………………………… 31

　　7－1　概説 …………………………………………………………… 31

　　7－2　評価 …………………………………………………………… 31

【参考資料1】　施工後の追跡調査について ……………………………… 35

【参考資料2】　各社の土系舗装 …………………………………………… 46

1. 総　　説

1－1　概説

　土系舗装は、自然土を主材料とする舗装であり、土本来の風合いにより自然感を有するとともに、適度な弾力性、衝撃吸収性を備えている。また、保水性を有することから、夏季の路面温度の上昇が抑制される。このため、小児や高齢者なども歩きやすく、歩道や園路などに適用されている。しかしながら、統一的な評価方法や評価基準が確立されていない状況にある。

　「土系舗装ハンドブック（歩道用）」（以下、本書）は、試験舗装の評価方法や評価基準（案）を定めることを目的として（独）土木研究所が実施した「土系舗装の実道に向けた共同研究」（以下、共同研究）の成果を基に、工法の種類、設計、材料、施工、維持管理、評価の視点をとりまとめたものである。今後も、新たに開発される技術について柔軟に応用できるよう検討していく予定である。

写真－1.1　土系舗装の例

写真－1.2　土系舗装の例（歩きやすさに配慮されている）

1－2　土系舗装の概要

　土系舗装は、自然土（主にまさ土などの砂質土）に、セメント系、石灰系、樹脂系、アスファルト系などの固化材を混合し、敷きならし、締め固めたもので、土本来の風合いを有した舗装であり、以下に示すように、景観性、弾力性、保水性に優れている。

- ●景観性：周辺環境と調和しやすく、景観性を高めることができ、自然な風合いを有する空間を創出する。
- ●弾力性：適度な弾力性、衝撃吸収性があり、歩行しやすい。
- ●保水性：適度な保水性を有し、夏季の路面温度が上がりにくく、涼感がある。

　土系舗装の路面温度上昇抑制効果の測定例を図－1.1、1.2に示す。このように、各種土系舗装の路面温度はアスファルト舗装と比較して、1日では最大平均約18℃低く、1ヶ月間の平均では約15℃低いことから、温度上昇抑制効果を有している。したがって、ヒートアイランド対策に資する舗装技術としても期待される。

1. 総説

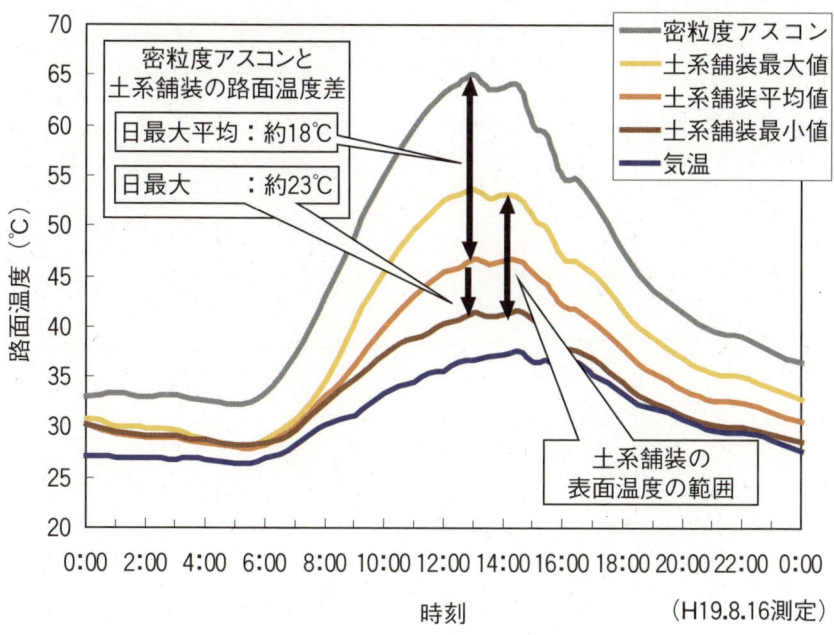

図－1.1 土系舗装の1日の最高路面温度差

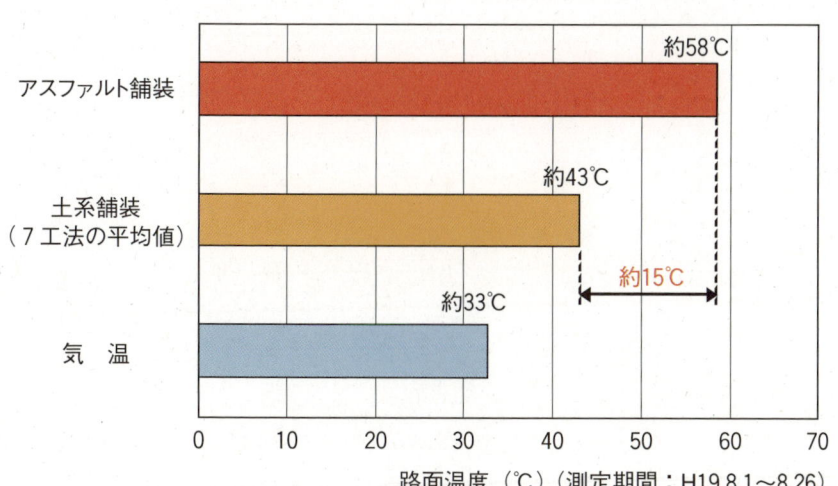

図－1.2 1ヶ月間の平均最高路面温度差

1-3　土系舗装の事前調査から総合評価まで

　土系舗装の試験施工を行い、現地調査等を実施して土系舗装の評価方法や評価基準等を検討する流れを図-1.3に示す。

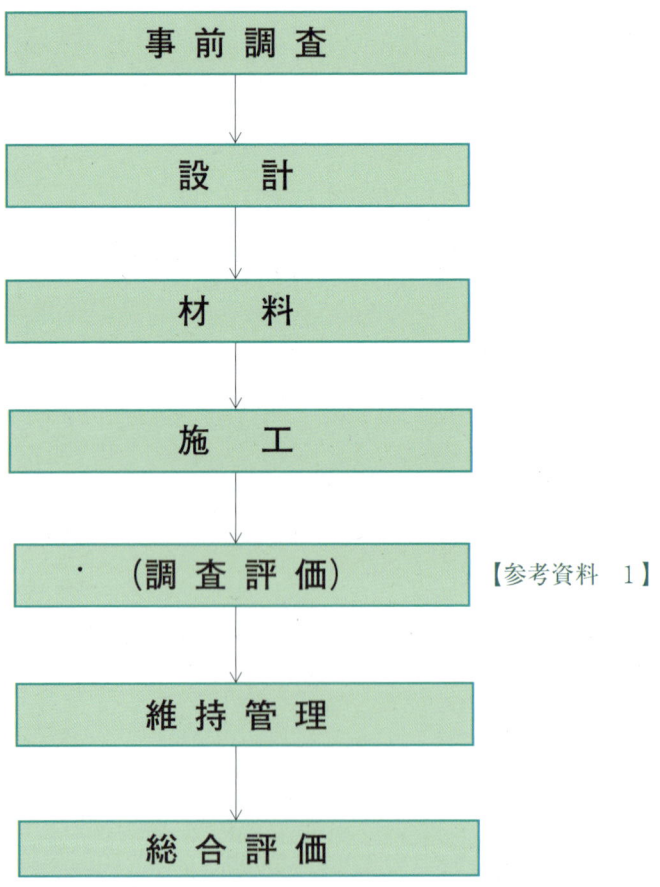

図-1.3　土系舗装の事前調査から総合評価まで

1-4　適用する工法の分類（区分）

　本書では、共同研究に参画した企業が推奨する土系舗装（工法）を以下の2種類（区分Ⅱ、Ⅲ）に区分した。なお、区分Ⅰは比較工法として採用したものである。表-1.1に各区分概要を示す（各工法については巻末【参考資料　2】参照）。

表-1.1　土系舗装の区分

自然系舗装の種類	耐久性[※1]	施工費[※2]	事　例 （例：土研共同研究）
区分　Ⅰ	△	1	高炉セメント2％
区分　Ⅱ	△〜○	2〜3	①セメントor石灰＋天然有機物 ②高炉セメント＋石灰 ③マグネシウムセメント ④アスファルト
区分　Ⅲ	○	4〜5	①マグネシウムセメント（吸水骨材入り） ②エポキシ樹脂＋ゴム入り明色乳剤 ③ウレタン樹脂＋高炉セメント

※1：耐久性が低い場合は、表面の荒れが発生しやすい傾向にある
※2：通常のアスファルト舗装の施工費を1とした場合の値

2．事前調査

2－1　概説
　土系舗装は、適用箇所の現場条件や環境条件により、耐久性と景観（意匠性など）に影響をおよぼす。このため、適用箇所の選定に当たり、次に示す調査を行う。

2－2　調査
2－2－1　環境条件
（1）隣接地域の状況

　　土系舗装の景観性や保水性の効果を勘案すると、以下に例示する地域等に隣接する箇所に適用するとより効果的であると考えられる。

　　　①学校（小中学校、大学等）
　　　②神社、仏閣等
　　　③美術館、博物館等
　　　④観光地内、美観地区内
　　　⑤道の駅内、周辺
　　　⑥環境緑地の周辺の歩道など、自然環境、景観が豊かな箇所
　　　⑦その他、土系舗装の風合い、歩きやすさ、熱環境改善等の効果を発揮するに望ましいと思われる箇所

　　ただし、土系舗装はアスファルト舗装と異なり、供用とともに表面の荒れが生じてくる可能性があるので注意する（表－2.1参照）。

表－2.1　土系舗装の表面荒れが問題になりやすい箇所

表面の荒れが問題になりやすい箇所	・住宅地が隣接 ・自転車交通の多い箇所や急カーブ・曲がり角など（すべり） ・傾斜が大きい箇所（浸食、流砂） ・排水溝が詰まりやすい箇所 ・堤防など風で飛散しやすい場所で、学校、幼稚園、住宅地などが隣接している箇所
表面の荒れが問題になりにくい箇所	・付近に住宅地が少ない箇所 ・神社・仏閣など自然土がなじみやすい箇所 ・河川、公園、林、森など自然土が隣接して存在している箇所 ・平たんな箇所

（2）色調

　　土系舗装の導入を検討している箇所周辺の空間（建築物、道路、周辺の土、樹木等）の色調を調査し、適用を検討している土系舗装が適合するか確認する。

（3）地域区分

　　土系舗装は、積雪寒冷地域では凍結融解の影響を受けやすく、表面の荒れ、表面のはがれ、局部的なひび割れ、線状ひび割れ、穴あき、ポットホールなどの破損が生じやすい。このため、適用地域の気温、湿度、凍結深さなどを確認する。特に、繰り返し除雪作業が行われる箇所については、土系舗装が除雪機械により破損されることが予想されるため適用は控える。なお、除雪をせず、積雪状態が春まで継続する場合は、雪の断熱性により破損が発生しない場合もある。

2-2-2　現場条件

(1) 車両の乗入れ

　　通常、歩道用土系舗装では車両の通行を想定していない。そのため土系舗装上を管理用車両（4t程度以下の車両）が通行する場合には、材料強度を検討するとともに路盤等を厚くするなど構造設計に反映する。

(2) 勾配

　　縦断勾配が大きい箇所では、施工性の悪化や雨水による洗掘（舗装表面が洗い流される現象）が懸念されるので、予定箇所の縦断勾配を調査し、施工計画や材料選定に反映するとよい。

(3) 排水

　　排水設備の有無、構造等を調査し、雨天時に水たまりの発生が懸念される場合には、道路構造（勾配等）や材料選定に反映させる。

(4) 施工規模

　　土系舗装は、自然材料独特の風合いを活かしたものであり、景観性を高める機能を有するが、極めて小規模な施工では、その効果が発揮できないこともあるので、十分検討する必要がある。

(5) 構造物等

　　土系舗装は、防護柵、植樹桝、集水桝、マンホールなどの構造物に接する部分や線形が急な曲線を描く部分は施工が不連続となる可能性がありひび割れが生じる場合がある。よって、適用予定箇所周辺にこのような構造物がある場合には、施工時に十分注意する必要がある。

3. 設　　計

3－1　概説

　事前調査を基に土系舗装の設計を行う。

　土系舗装の適用に際しては、周囲の景観性を高めること、また、耐久性を考慮した設計を行うことが重要である。

3－2　設計条件の設定

3－2－1　環境条件

　設計に当たって留意すべき環境条件を以下に示す。

（1）積雪寒冷地域

　　土系舗装は積雪寒冷地では凍結融解の影響を受けやすいことに留意し、必要に応じて凍上抑制層を設ける。

　　特に積雪寒冷地や凍上および凍結融解の影響のある地域での冬季施工は、硬化遅延が生じる他に、硬化過程での凍害によって硬化不良を生じる場合があるので避けることが望ましい。

（2）一般地域

　　一般地域における山岳地などで、冬季の最低気温が低い箇所では、凍上および凍結融解の影響の有無を検討し、適用には留意する。

（3）降雨条件

　　わが国は降雨量が多いため、土系舗装の表面が雨水により浸食を受けることがある。浸食を避ける意味からも、排水設備なども勘案して土系舗装の設定を行うとよい。また、雨水が滴下する箇所（例えば、樹木や建物屋根の周りなど）は、洗掘や表面の荒れが生じやすいので注意する。

（4）施工環境条件

　　歩行者の利用性を確保する点から、施工中や養生中は、十分な幅

員または代替道路（仮設道路含む）が確保され、歩行者の通行に支障がないようにするとよい。

3－2－2　車両の乗り入れ

土系舗装に適する車両の乗り入れ条件を表－3.1に示す。

表－3.1　土系舗装に適する車両の乗り入れ条件

適用の可否	適用可	適用不可
車両の種類	自転車 車いす 管理用車両	一般車両 大型車

3－2－3　設計期間

土系舗装の長期耐久性については十分な知見が得られていないのが現状である。したがって、土系舗装の寿命は5～10年程度とする。

なお、維持管理の詳細は6章に示す。

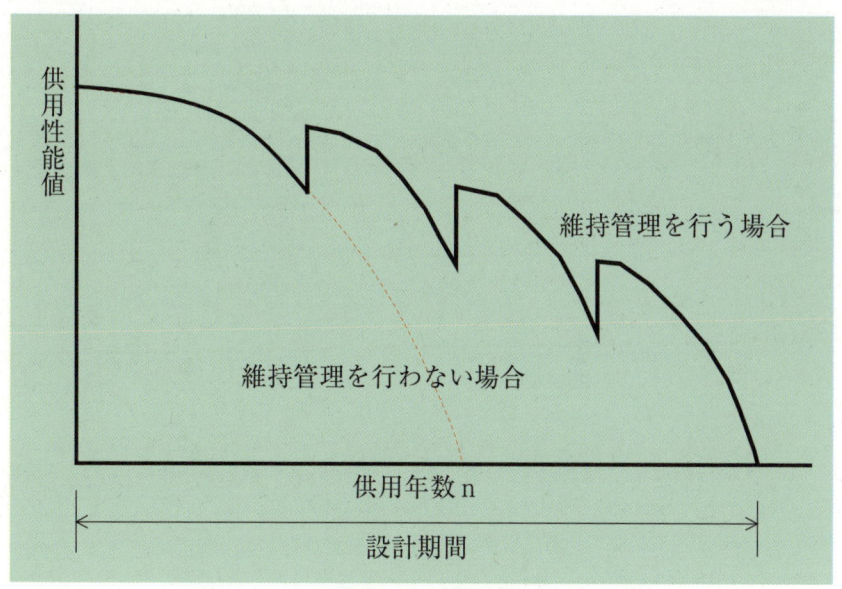

図-3.1　土系舗装の供用性曲線（イメージ）

3-3　工法の選定

　土系舗装の選定可否は、前述の事前調査および設計条件より定まるものである。土系舗装の構造・工法は、施工場所の景観性、透水性、たわみ性、耐凍害性、管理車両、耐久性などによって選択される。

3-3-1　工法選定の考え方

　土系舗装には、セメント系、アスファルト、樹脂系などがある。それぞれに特性があり、適用箇所の条件に合わせた工法選定を行う。耐久性により区分した例を表-3.2に示す。

表-3.2 土系舗装の種類（例）

種類＼固化材	セメント系※1 高炉セメント	セメント系※1 セメントor石灰+天然有機物	セメント系※1 高炉セメント+石灰	セメント系※1 マグネシウムセメント※4	アスファルト※2 ストレートアスファルト	樹脂系※3 エポキシ樹脂+ゴム入り明色乳剤	樹脂系※3 ウレタン樹脂+高炉セメント
区分Ⅰ	○						
区分Ⅱ		○	○	○	○		
区分Ⅲ				○		○	○

※1：セメント系は、セメント単体もしくは、セメント＋混和剤等の硬化材を使用し、水和反応により硬化するものである。
※2：アスファルトは、結合材としてアスファルトを使用するものである。
※3：樹脂系は、結合材としてエポキシやウレタン等の樹脂を主材として使用する。また、補助的にセメント等を使用するものもある。
※4：マグネシウムセメントは、酸化マグネシウム（MgO）を主成分とした固化材である。

（1）区分Ⅰ

　　固化材量が2％程度と少ない土系舗装である。価格が安価であり、土により近い歩行感があるが、降雨や凍害などにより表面の荒れが生じやすい。したがって、区分Ⅰは寒冷地域や降雨によって表面水が流れるような勾配が急な箇所ではなく、平たんな箇所や一般地域での適用が望ましい。

　　この他に、区分Ⅰの適用に当たって考慮すべき要因としては、以下のようなものがある。

　　・排水設備（設備がある場合は目詰まりの恐れが生じる）
　　・マンホールなどの構造物との接触（段差ができやすい）
　　・歩行者通行量（多い箇所は飛散などがある）
　　・車両乗り入れ（ある箇所は摩耗、破損の恐れがある）

（2）区分Ⅱ

　　区分Ⅱは、区分Ⅰに比べ固化材量が多く、場合によっては添加剤を加えたり、表面処理材（トップコート）を施した土系舗装である。

強度を上げ、耐久性を高めつつも大幅なコスト上昇を避けた土系舗装である。したがって、区分Ⅰの適用が困難な箇所にも適用できる（ただし、積雪寒冷地への適用に対しては注意が必要）。

（3）区分Ⅲ

区分Ⅲは、区分Ⅱに比べ、さらに耐久性を高めた土系舗装である。したがって、区分Ⅱ以上に長期間にわたっての供用が期待できる（ただし、積雪寒冷地への適用に対しては注意が必要）。

3－3－2　土系舗装の選定

（1）選定条件の優先順位

土系舗装の工法選定に当たって考慮すべき事項を下記に示す。

・気候条件（地域区分）

・耐久性（交通量・維持管理性）

・機能性（柔らかさ・透水性・保水性）

・景観性（隣接地域の用途）

・現場条件（養生に伴う交通解放時間および代替道路確保）

・施工条件（安全確保、環境保全）

・リサイクルの可否

・地形的条件（勾配など）

・経済性

（2）選定方法

土系舗装は、自然の風合い、歩きやすさ、透水性や保水性など様々な機能を目指した工法が多種多様にあり、土系舗装の適用を予定する箇所の環境条件や設計条件等に適した工法を選定することが重要である。

ここでは、土木研究所の共同研究に参画した企業が推奨する工法を例として、耐久性および現場条件（養生期間）で分類した例を図－3.2に示す。

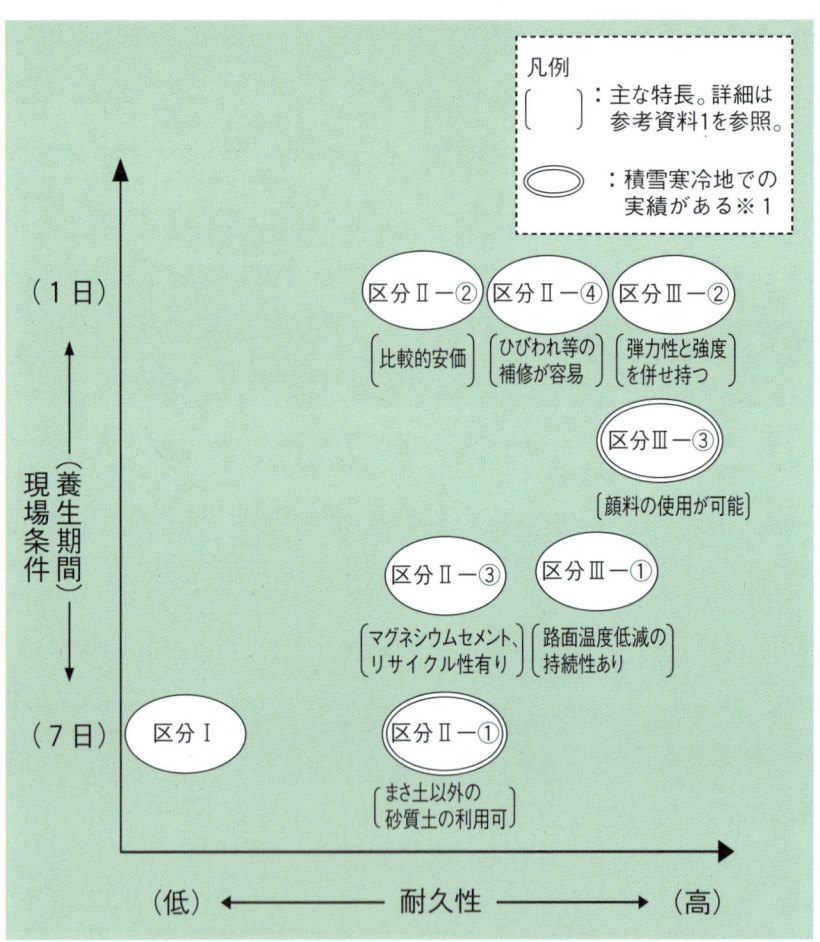

区分Ⅰ	区分Ⅱ	区分Ⅲ
高炉セメント2%	①：セメント or 石灰＋天然有機物 ②：高炉セメント＋石灰 ③：マグネシウムセメント ④：ストレートアスファルト	①：マグネシウムセメント（吸水骨材） ②：エポキシ樹脂＋ゴム入り明色乳剤 ③：ウレタン樹脂＋高炉セメント

※1：積雪寒冷地での実績がある工法であっても、冬季の施工は硬化遅延が生じる他に、硬化過程での凍害によって硬化不良を生じる場合があるので避ける。

図－3.2　土系舗装選定に係る分類方法の例（案）

3-4　舗装の構造

3-4-1　舗装構造例

　歩行者、自転車の交通に供する場合の構造例を図-3.3に、管理車両などの軽車両が乗り入れする場合の構造例を図-3.4に示す。表層の厚さは各工法別に異なる。

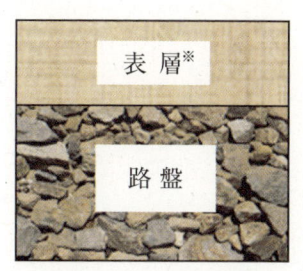

※表層の厚さは各社の工法により異なる

図-3.3　歩行者、自転車の土系舗装の構造例

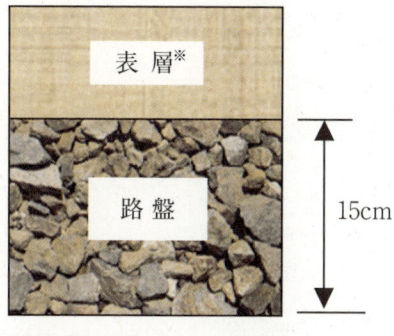

※表層の厚さは各社の工法により異なる

図-3.4　管理車両対応の土系舗装の構造例

3-4-2　積雪寒冷地

　積雪寒冷地あるいは一般地域であっても凍結深のデータを有する地域においては、アスファルト舗装の際と同様、凍結深に対応した凍上抑制層（図-3.5）を設けるものとする。

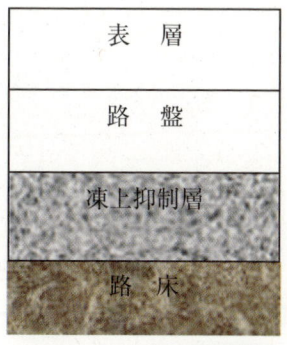

図-3.5　凍上抑制層

3-5 性能目標の設定

土系舗装の性能目標(暫定案)を表-3.3に示す。
性能目標値は項目も含めて適宜設定する。

表-3.3 土系舗装の性能目標(暫定案)

項目[※1]	試験方法	実施時期	目標性能[※2]
歩きやすさ	弾力性試験(GB)	養生完了後	GB係数70%以下
安全性	すべり抵抗性試験(BPN)	養生完了後	BPN40以上(湿潤時)
硬さ(ハイヒールを履いた歩行者の荷重に対する耐久性)	プロクターニードル貫入試験	養生完了後	60ポンド以上
路面温度上昇抑制効果	路面温度測定	夏期	アスファルト舗装より低い

※1 景観性を評価する場合には官能性評価を実施するとよい
※2 目標性能値は土木研究所内の試験施工および現道での試験施工の調査結果からの暫定案

4. 材　料

4 - 1　概説

　土系舗装は、自然土（主としてまさ土）を主材料として用い、工法別に固化材や添加剤、表面処理材が加わる。

4 - 2　原料土

　土系舗装で主に使用される土はまさ土である。まさ土は花崗岩が風化した砂質系の土であり、図-4.1に示すように全国に広く分布している。なお、北海道、東北などまさ土の産出が少ない地域や予め十分な適用性の確認がなされている場合には、まさ土にこだわることなく、地域産の砂質土を使用するとよい。ただし、対象土の性状によっては凍上することもあるので選定には留意する。

図- 4.1　まさ土（主に花崗岩）の分布

（出展　200万分の1日本地質図第5版 CD-ROM 版．産業技術総合研究所地質調査総合センター．2003 より抽出）

4－3　固化材

　　固化材としては、セメント系、石灰系、アスファルト系、樹脂系が知られるが、それぞれ複合して用いる場合もあり，実際は多種多様である。以下に共同研究に用いられている固化材の概要を示す（詳細は【参考資料　2】参照）。

4－3－1　セメント系

○高炉セメント

　　高炉セメントは、混和材として高炉スラグ微粉末を使用したセメントである。

○普通ポルトランドセメント or 石灰＋天然有機物

　　天然有機物による造粒性とセメントとの反応発現を高めることをねらった種類の固化材である。砂質土にはセメント、粘性土には消石灰を主材料とする固化材を使用する。

○セメント＋石灰

　　高炉セメントと消石灰を混合した固化材である。高炉セメントと消石灰を混合することにより強度発現を速め（養生日数1日）、ひび割れの発生を抑える。

○マグネシウムセメント

　　マグネシウムセメントは自硬性ではあるがポルトランドセメントとは異なるものである。主成分としての酸化マグネシウム、スラグ、硫酸塩から構成され、pHが10.5（混合すると中性）と弱アルカリで、肥料と同じ成分であることおよび、硬化後も硬すぎないことから廃棄処分で建設残土として扱えること等の特徴を有している。

4－3－2　アスファルト

○ストレートアスファルト

　　加熱したストレートアスファルトを自然土に噴霧し混合するものである。アスファルトは土粒子を被覆するのでなく土粒子間に均一に分散させる点が特徴である。1週間程度練り置きができ施工だけでなく補修も比較的容易である。

4－3－3　樹脂系

○ウレタン樹脂＋高炉セメント

　　1液系のウレタン樹脂6％と高炉セメントB 1.5％を組み合わせて用いるタイプである。ウレタン樹脂によるたわみ性と高炉セメントBによる吸水と早期強度発現効果をねらったものである。厚さは2cmと薄く施工できる。

○エポキシ樹脂＋ゴム入り明色乳剤

　　可撓性を有するエポキシ樹脂と特殊ゴム入り乳剤を混合したものを固化材として用いることにより、適度な弾力性と強度・耐久性の発現を両立させたものである。また、本固化材は、濡れた骨材でも表面の余剰水を排除して付着するという性質を有している。そのため、まさ土の含水比が高い場合でも、そのまま使用でき、骨材乾燥に費やすエネルギーや時間、コストが削減できる。

4－4　表面処理材

　摩耗などへの抵抗性を高めるために表面処理材を散布するケースがある。主にアクリル系樹脂系が用いられる。散布量は0.5kg/㎡～1.5kg/㎡程度である。

4－5　配合例

　土系舗装の配合検討例を図－4.2に示す。固化材によって配合設計手法は異なる。配合例を表－4.1に示す。

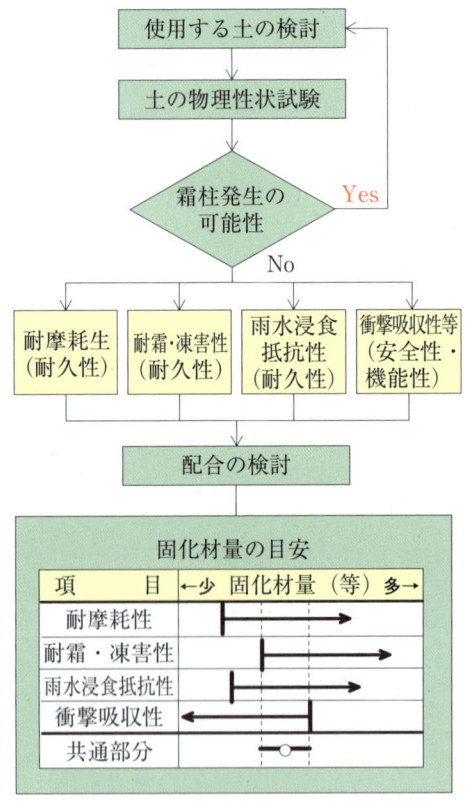

図－4.2　土系舗装の配合検討例

4．材料

表－4.1　土系舗装の配合例　（対まさ土質量，外割%）

材料 \ 固化材種別	セメント系 高炉セメント	セメント系 セメントor石灰+天然有機物	セメント系 高炉セメント+石灰	セメント系 マグネシウムセメント	アスファルト ストレートアスファルト	樹脂系 エポキシ樹脂+ゴム入り明色乳剤	樹脂系 ウレタン樹脂+高炉セメント
固化材	2%	3%	高炉セメント1% 石灰2%	5%	4%	8%	ウレタン6% 高炉セメント1.5%
備考		天然有機物は固化材に含む		温度低減効果を特に求める場合、まさ土質量のうち10%を吸水骨材に置換	ストアス60/80		

※なお、混合物は有害物質の溶出基準等に適合するものとする。

5．施　工

5－1　概説

土系舗装の施工の流れの例を図-5.1に示す。

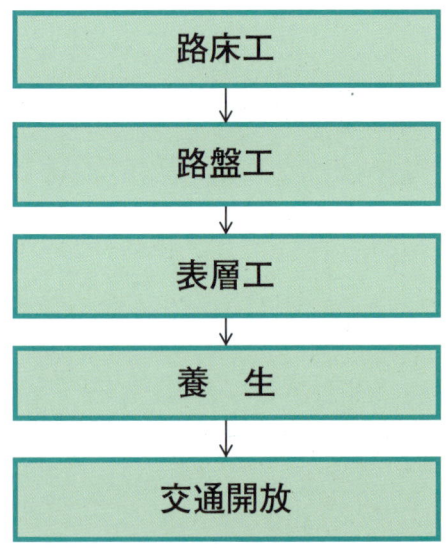

図-5.1　土系舗装の施工の流れ

5－2　施工概要

5－2－1　路床工

　新設道路の場合、切土部、盛土部ともに強度や支持力を低下させないよう留意しながら敷きならし、締め固めて仕上げる。
　また、積雪寒冷地で凍上抑制層を設ける場合は、在来地盤を所定の深さまで掘削面以下の層をできるだけ乱さないように留意しながら掘削し、凍上抑制効果のある材料を敷きならし、締め固めて仕上げる。

5-2-2 路盤工
（1）新設の場合

　　新設道路の場合、路床整正の後、路盤材料（粒度調整砕石等）を敷きならし転圧して仕上げる。プライマーは必要に応じて散布する。

（2）既設舗装を利用する場合

　　既設舗装の表層を剥ぎ取って、路盤の整正、転圧を行う。路盤厚が不足している場合や粒度を調整する必要がある場合は補足材を加え整正転圧する。プライマーは必要に応じて散布する。

5-2-3 表層工

表層の施工の流れを図-5.2に示す。

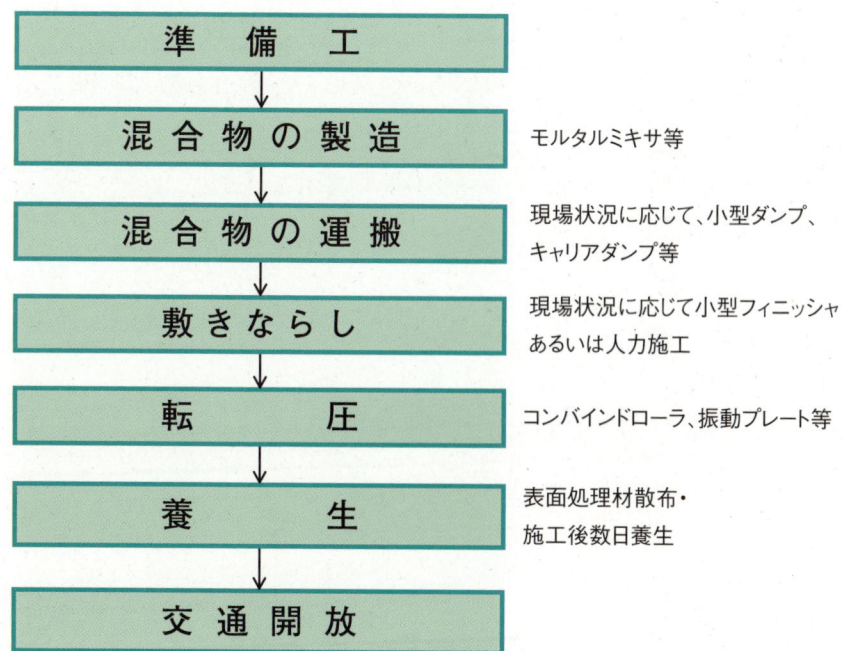

図-5.2　土系舗装の表層の施工

① 準備工
材料、混合機械、転圧機械、配合計量器などの準備を行う。
② 混合物の製造
モルタルミキサ、連続式ミキサ、移動式プラントなどを現場付近に設置して混合物を製造する。
③ 混合物の運搬
現場条件に応じ、小型ダンプ、キャリアダンプなどにより混合物を運搬する。
④ 敷きならし
フィニッシャまたは人力により混合物を敷きならす。
⑤ 転圧
振動プレート、コンバインドローラなどにより転圧する。
⑥ 養生
工法によっては、表面処理材を散布した後、強度が発揮するまでの所定期間、ブルーシートあるいはマットなどにより養生を行う。気温や降雨などの気象条件を勘案する。工法によって養生日数の違いがある。
⑦ 交通開放
交通開放は所定の強度となった後に行う。

5－3　出来形管理基準および検査基準

出来形管理基準（案）を表－5.1に、検査基準（暫定案）を表－5.2に示す。

なお、表－5.2に示す検査は、所定期間の養生後に実施する。

5．施工

表－5.1　出来形管理基準（案）

項目	規格値	頻度
幅	－25mm 以上	80m
厚さ	－9mm 以上	200m

表－5.2　検査基準（暫定案）

項目	試験方法	検査基準[※1]	頻度の目安[※2]
歩きやすさ	弾力性試験（GB）	GB係数70％以下	1工事あたり3箇所以上
安全性	すべり抵抗性試験（BPN）	BPN40以上（湿潤時）	1工事あたり3箇所以上
硬さ（ハイヒールを履いた歩行者の荷重に対する耐久性）	プロクターニードル貫入試験	60ポンド以上	1工事あたり3箇所以上
路面温度上昇抑制効果	路面温度測定	アスファルト舗装より低い	路面温度のピーク時に1回以上

※1：検査基準値は土木研究所構内の試験施工および現道での試験施工結果からの暫定案
※2：1工事が大きく複数日にわたる場合は適宜変更してよい。

5－4　その他の確認事項
5－4－1　目視パトロール調査

　土系舗装の供用に伴う路面の変状や耐久性を確認するために、目視パトロール調査を行う。目視パトロール調査の方法としては、【参考資料 1】「2．目視パトロール調査」により行うとよい。

5－4－2　官能性評価

　　土系舗装の景観性や歩行性等を確認するために、官能性評価試験を行う。官能性評価試験の方法としては、【参考資料　1】別紙2「土系舗装歩行者アンケート調査票　案」を参考に、施工後1度、歩行者等にアンケート調査を実施するとよい。

6．維持管理

6－1　概説

　　土系舗装は、供用とともに、表面の荒れ、摩耗、はがれ、タイヤ跡、きず、変色などが生じ、これら変状を皆無にするのは非常に困難である。よって、土系舗装の供用性を持続するためには維持管理が必要である。なお、これら変状が自然の風合いを高める場合もあることから、歩行者の歩行安全性にも留意しつつ必要に応じて補修を行うとよい。

　　土系舗装の損傷状態とその原因、維持管理方法を以下に示す。

6－2　土系舗装の損傷とその原因

　　土系舗装の主な損傷形態を写真－6.1、写真－6.2、写真－6.3に例示する。

　　また、土系舗装の損傷の分類と原因を表-6.1に示す。

写真-6.1 表面の荒れ

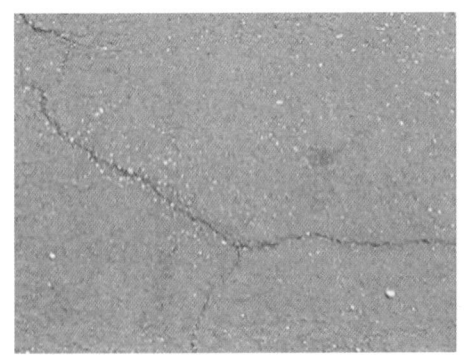

写真-6.2 ひび割れ

写真-6.3 ポットホール

6．維持管理

表－6.1　土系舗装の損傷の分類と原因

損傷の分類 \ 損傷の要因		荷重条件 一般歩行者	荷重条件 ハイヒールを履いた歩行者	荷重条件 自転車車いす	荷重条件 管理用車両	気象条件 高温乾燥	気象条件 低温積雪	気象条件 大雨洪水	材料条件 材料の特性	適用条件 路床路盤の不良	適用条件 構造物による応力集中	主な原因
主として路面性状に関する破損	表面の荒れ	○				○	○					・温度や湿潤状態の変化
	表面の摩耗	○	○	○	○							・人の歩行、車輪による摩擦
	表面はがれ	○	○	○	○	○						・人の歩行、車輪による摩擦 ・温度や湿潤状態の変化
	局部的なひび割れ ・線状ひび割れ			○	○	◎	○				○	・管理用車両の荷重 ・温度や湿潤状態の変化 ・固化材の種類と量 ・構造物による応力集中
	段差 ・構造物付近の凹凸 ・隣接する舗装との段差									○		・支持力不足
	変形 ・縦横断方向の凹凸				◎							・管理用車両の荷重
	タイヤ跡			○	○							・自転車や車いすの走行
	穴あき、ポットホール		◎	○	○	○	○					・ハイヒールや自転車のスタンドによる集中荷重 ・管理用車両の荷重 ・温度や湿潤状態の変化
	きず		○									・ハイヒールや自転車のスタンドによる削れ
	変色 ・白華現象 ・色むら								○			・表面ににじみ出した水酸化カルシウムと空気中の炭酸ガスが反応した炭酸カルシウム
	洗掘							○				・降雨による洗掘
	苔や雑草などの繁殖 ・すべり抵抗性の低下							○				・舗装の保水作用
主として構造に関する破損	全面的なひび割れ ・亀甲状ひび割れ				○					○		・管理用車両の荷重 ・固化材の種類と量 ・構造物による応力集中
	凍上						◎					・舗装の保水作用と温度低下
	噴泥							○				・舗装下部の水位の上昇

◎特に影響を及ぼすもの　○影響を及ぼす可能性があるもの

6－3　維持管理方法

6－3－1　表面の荒れ、摩耗、はがれ、タイヤ跡、きず、変色の補修

　表面の荒れ、摩耗、はがれ、タイヤ跡、きず、変色が顕著な場合で、かつ、歩行者の歩行安全性に支障が生じた場合や景観性を損なう場合には、損傷した舗装を除去して土系舗装材料で局部打換えするとよい。

6－3－2　ひび割れ、段差、変形、ポットホール、洗掘の補修

（1）ひび割れ、段差、変形、ポットホール

　ひび割れ、段差、変形、ポットホールがつまずきや転倒の原因となるおそれがある場合には、損傷の影響周囲までの舗装を除去して、土系舗装材料で局部打換えするとよい。

（2）洗掘

　洗掘が、つまずきや転倒の原因となる程度まで進行した場合には、損傷した舗装を除去して土系舗装材料で局部打換えするとともに、洗掘の再発を防止するために雨水の排水方法を検討するとよい。

6－3－3　苔および雑草の除去

　苔がすべり抵抗性の低下の原因となる場合には、ブラシ等で擦り削ぎ落とし、雑草は除草するとよい。

●追跡調査を目的とした場合のフィールドの維持管理●

　統一的な評価法や性能指標を定めていく目的で追跡調査を行う場合には、多少の変状が生じた場合でも、歩行の安全性に支障がなく、利用者の苦情等がない場合に限り、施工後1年間程度、補修等を行わないで観察することが望ましい。

7．評価の視点（詳細な追跡調査を行う場合）

7－1　概説

　土系舗装施工後の路面性状や変状・破損度合いについて詳細な追跡調査を行い、土系舗装の評価指標および評価方法を検討するためのデータを取得する。現在、歩道に適した土系舗装の評価指標や評価方法は一般化されていないため、現時点で最良と考えられる評価項目を取りまとめる。

7－2　評価

　土系舗装の特徴は、土本来の風合いにより自然感を有するとともに、適度な弾力性や衝撃吸収性、保水性などの様々な機能を有することである。これらの機能を評価するための項目を、表－7.1に示す。表に示した項目により、土系舗装を適切に評価するとともに、新たな評価方法についても今後さらに検討を行う必要がある。

　詳しい調査方法は、【参考資料　1】施工後の追跡調査について　「3　詳細調査」を参照する。

表－7.1　評価項目

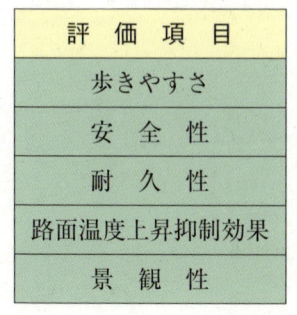

評　価　項　目
歩きやすさ
安　全　性
耐　久　性
路面温度上昇抑制効果
景　観　性

参考資料

【参考資料1】

【参考資料　1】施工後の追跡調査について

1　概　説

　　土系舗装の供用に伴う路面の変状や耐久性を確認するために、道路管理者等は以下の2種類の調査を行う。

　　1）目視パトロール調査
　　2）詳細調査

2　目視パトロール調査

（1）調査項目

　　目視パトロール調査によりひび割れ、表面の荒れ、砂塵の発生、歩行者の靴跡（ハイヒールの踵）等による凹み、凍害、雑草の発生等および歩行者や管理車両の通行頻度を確認する。

　　パトロール調査票（案）を別紙1に示す。

（2）頻度

　　養生完了後および1年後に実施し、以降1年に1回の目視パトロール調査を基本とする。なお、土系舗装の破損等の変状は、交通開放後の初期に起こることがあることから、1カ月後、3カ月後、6カ月後においても実施するとよい。

（3）調査期間

　　施工後3年間程度を目安に実施する。

3　詳細調査

　　選択された土系舗装の区間については、路面性状調査やパネラー調査など詳細なモニタリング調査を行い、土系舗装の機能の持続性や耐久性を把握し、評価項目および評価基準の設定や見直しを行う。ここでは、歩きやすさ、安全性、耐久性、路面温度上昇抑制効果、景観性、目視観察等について調査評価する。

3-1 調査項目

①調査内容Ⅰ ： 調査項目と調査方法を表-3.1に示す。

②調査内容Ⅱ ： パネラー調査を実施する。

表-3.1 土系舗装の詳細調査（調査内容Ⅰ）

評価項目	調査方法	1現場調査点数	備考
歩きやすさ	弾力性試験（GB、SB）	3点	S026-1※
安全性	すべり抵抗性試験（BPN）	3点	S021-2※
安全性	転倒時安全性試験 （頭部損傷係数HIC） 路面の硬さ試験（衝撃加速度：G）	3供試体	現場作製供試体による室内試験
耐久性	プロクターニードル貫入試験	3点	
耐久性	平たん性測定 （縦断プロフィルメータ）	1測線	
耐久性	横断形状（横断プロフィルメータ）	3測線	
耐久性	ひび割れ率（スケッチ法）	全面	S029※
耐久性	泥濘評価試験	3供試体	現場作製供試体による室内試験
耐久性	浮上レキ分および浮上砂分試験	3点	
路面温度低減効果	路面温度の測定（気温測定を含む）	3点×2箇所	比較：アスファルト舗装を測定
景観性	色彩色差計による測定	3点	S024※
目視観察	土系舗装パトロール調査票を用いる		別紙1参照

※舗装調査・試験法便覧

3-2 調査頻度と時期

①調査内容Ⅰ ： 養生完了後および1年毎、3カ年調査する。ただし、現場作製供試体による室内試験については、養生完了後の1回限りとする。

②調査内容Ⅱ ： パネラー調査は養生完了後に1度行うものとする。

3-3 調査方法

(1) 調査内容Ⅰ

【参考資料1】

①弾力性試験（GB,SB 係数　舗装調査・試験法便覧　S026-1）

　ゴルフボールおよびスチールボール（直径1インチ）をそれぞれ1mの高さから落下させたときの反発高さ（GB係数、SB係数）を計測する。

②すべり抵抗性試験（BPN　舗装調査・試験法便覧　S021-2）

　振子式スキッドレジスタンステスタによるすべり抵抗試験である。乾燥状態と湿潤状態のそれぞれの条件で行うものとする。

③転倒時安全性試験

　歩行者等が転倒時に頭部や身体に受ける衝撃度合いを計測するため、転倒時安全性試験を行う。試験方法は頭部損傷係数HICを計測することにより行うこととする。なお、測定機器の手配が困難な場合は、路面の硬さ試験（舗装調査・試験法便覧　S026-2T）により行うこととする。

1）頭部損傷係数 HIC

　この試験は、公園の遊具施設周りのクッション層について平成14年に国土交通省都市整備局から通達された「都市公園における遊具の安全確保に関する指針」の参考資料に記載されている試験方法であり、HICが1,000以下であれば、頭部が重大な損傷を受ける可能性が少ない。ここでは、転倒したときの土系舗装の衝撃吸収性を評価する。図-3.1に現場で作製した供試体を室内にて試験した一例を示すが、HICが1,000となる高さが高いほど衝撃吸収性が高いことを示している。

2）路面の硬さ試験（舗装調査・試験法便覧　S026-2T）

　この試験は、体育館等の屋内床材の硬さを測定する、「JIS A 6519床の硬さ試験」に準拠したものである。質量3.85kgの人の頭の断面を模した構造の鋼製フレームに加速度を取り付けたものを20cm高さから落下させ、衝撃加速度（最大加速度G）を計測する。既存の研究結果[※]によると、安全で快適に通行で

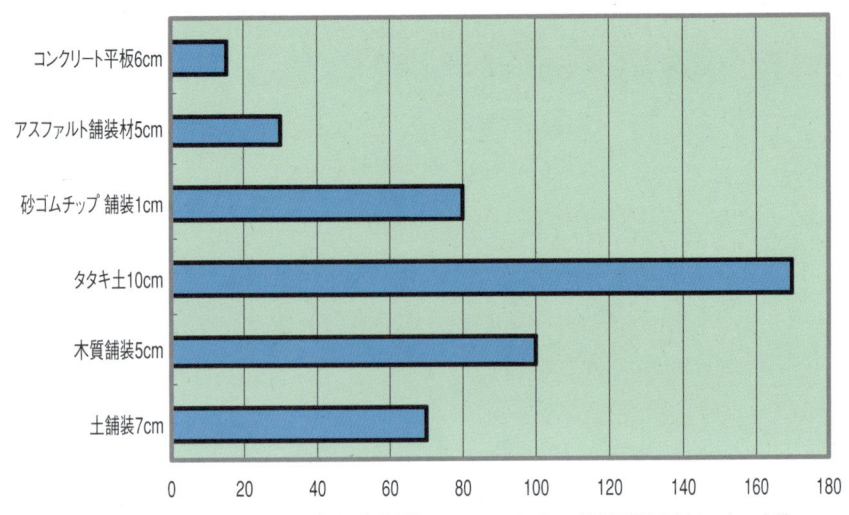

舗装種別	HIC1000となる重錘落下高さ (cm)
コンクリート平板6cm	約15
アスファルト舗装材5cm	約30
砂ゴムチップ舗装1cm	約80
タタキ土10cm	約170
木質舗装5cm	約100
土舗装7cm	約70

図－3.1　土系舗装の頭部損傷係数 HIC1000 となる重錘落下高さ（cm）[※]

※）美馬ら：落下衝撃試験による歩行者系舗装材料の評価，第27回日本道路会議論文集，12P68，2007　より作成

衝撃加速度（G）	範囲
転倒しても比較的安全な範囲 55－91G	約55G～91G
健常者が歩行しやすい範囲 54G以上	54G以上
車椅子が走行しやすい範囲 69G以上	69G以上
安全で快適に通行できる範囲 69－91G	69G～91G

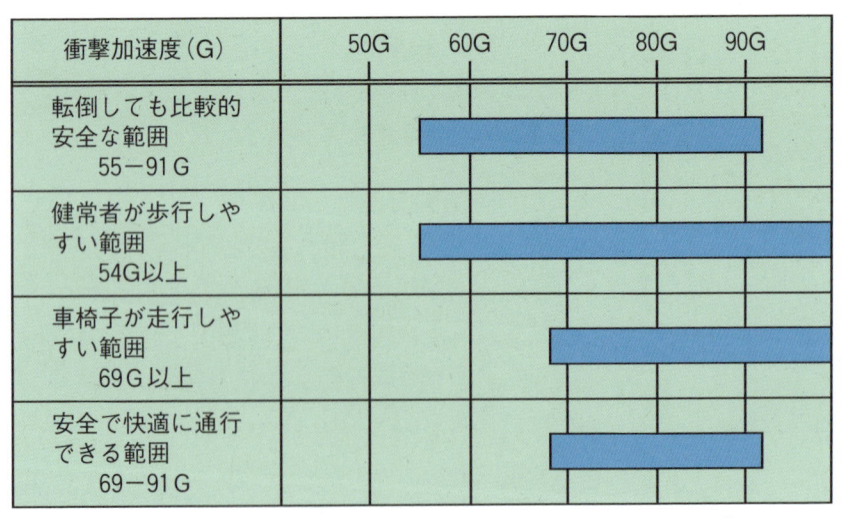

図－3.2　床の硬さ試験による歩道の適正な硬さの範囲の例[※]

※）鍋島ら：高齢者のための歩道舗装における適正な硬さの範囲，土木学会論文集，No.778，V-67，pp.117-126，2005

【参考資料1】

きる範囲を69～91Gとしている。

④プロクターニードル貫入試験

　一定の太さの金属棒を地面に貫入させたときの抵抗から土の硬さを判定する試験で、プロクターニードルという試験器を用いる。貫入針は径6.5mmを使用し、地面に垂直に立て、徐々に1/2インチ（12.7mm）まで押し込む。そのときの荷重（抵抗値）をポンドで表す。

⑤平たん性・横断形状測定

　測定器の前輪後輪の長さが60cm程度の小型プロファイラにて横断形状（最大凹凸量）および平たん性を測定する。なお、小型プロファイラでの計測が困難な場合には、平たん性については3mプロフィルメータや3m直線定規等（舗装調査・試験法便覧S028）により測定し、横断形状は横断プロフィルメータや直線定規等（舗装調査・試験法便覧S030）により測定を行うものとする。

⑥ひび割れ率（舗装調査・試験法便覧　S029）

　土系舗装の路面に生じたひび割れの度合いを測定する。

⑦泥濘評価試験

　本試験は、土系舗装の水分影響度を評価するものであり、現場作製供試体を24時間水浸させたあとプロクターニードル貫入試験により評価する。

　歩行者系舗装で大きな荷重条件としては車両だけでなく、ハイヒールといわれている。ハイヒールの直径はピンヒールタイプの場合、φ1.3cmと想定し、体重50kgの場合、載荷重は50×1.2（安全率）=60kgとなり、プロクターニードルの直径φが6.5mmであることからプロクターニードルの値に換算すると約30ポンドとなる。このことと、土木研究所の共同研究における貫入データをもとに、供試体を1日水浸させた後のプロクターニードル貫入

抵抗値は30ポンド以上を目安とする。

⑧浮上レキ分および浮上砂分試験

　表面の荒れを評価するものである。測定箇所に内寸法50cm角の木製型枠を設置して、木製型枠内側の路面を剃毛はけで掃き取り、浮上している土粒子を収集する。収集した土粒子は乾燥炉（110℃）で24時間乾燥させ、乾燥質量（w1）を求める。次に、乾燥した試料を75μmふるいで水洗いし、乾燥炉（110℃）で24時間乾燥させる。乾燥した試料は、2mmふるいでふるい分け、2mmふるい残留分の質量（w2）および2mmふるい通過分の質量（w3）を測定する。単位面積当たりの浮上レキ分と浮上砂分は、次式により計算する。

　　　浮上レキ分（g/m^2）＝ w2（g）/ 0.25（m^2）
　　　浮上砂分（g/m^2）＝ w3（g）/ 0.25（m^2）

⑨路面温度測定

　夏期の気温が30℃以上の時に土系舗装、近隣アスファルト舗装（比較用）の路面の表面温度、路面より50cm、100cmの高さの温度、気温を測定する。

注1）測定はなるべく舗装の中央（横断方向）で実施する。

注2）アスファルト舗装は土系舗装と日照条件の同じ箇所を選定する。

注3）風の強い日には測定を実施しない。

⑩色彩色差計（舗装調査・試験法便覧　S024）

　土系舗装の乾燥時および湿潤時の路面の色彩を計測する。

（2）調査内容Ⅱ

　パネラー調査は、1カ所あたり10名程度の被験者に対し、土系舗装、比較舗装上を歩行してからアンケート調査を行うものである。被験者には車椅子利用者、自転車を含むものとする。アンケート内容は、歩行性、景観性、安全性などの項目についての質問とする。

　アンケート調査票（案）を、別紙2に示す。

【参考資料1】

別紙1

土系舗装パトロール調査票 （案）

整備局名						
事務所名						
現在場所・所在地	路線名					
	施工場所	都道府県　　　市町村　　　丁目・地先など				
施工延長・面積		延長　　　（m）　　　　面積　　　（㎡）				
歩行者・管理車両通行量		歩行者通行量　　人／日程度　　管理車両通行量　　台／日程度				
施工年月日		平成　　　年　　　月　　　日				
路面状況（目視観察）						
点検者		所属　　　　　　　連絡先　　　　　　氏名				
点検時期		ヶ月点検				
調査年月日		平成　　年　　月　　日　　天候				
路面の荒れ・摩耗	有・無	面積（　　　　m×　　　　m）				
		深さ（平均　　）mm程度（最大　　）mm程度				
ポットホール	有・無	個数（　　）個		つまづきの可能性	有・無	
		最大径（　　）cm ・ 深さ（　　）cm				
浸食による水みち（流水跡）	有・無	本数（　　）本		つまづきの可能性	有・無	
		幅（　　）cm・深さ（　　）mm・長さ（　　）m				
ひび割れ	有・無	（横断・縦断・網目状）		ひび割れ幅（　　）mm程度		
		横断（　　）m　間隔・網目間隔（　　）m（　　）カ所　程度				
ぬかるみ（足跡など）	有・無					
雑草・コケの繁殖	有・無					
砂ホコリ（周囲の飛散状況で判断）	有・無					
苦情の有無	有・無					
その他						
総評						

41

別紙1

土系舗装パトロール調査票【写真】

起点側の状況	
測点： コメント：	写真貼付
中間地点の状況	
測点： コメント：	写真貼付
終点側の状況	
測点： コメント：	写真貼付

【参考資料1】

別紙2

土系舗装歩行者アンケート調査票　案

現場名：

調査日時　平成　　　年　　　　月　　　　日　　　時　～　　　時

天候　　　□晴れ　　□曇り　　□雨　　□その他（　　　　　　　）

下記の項目にご記入お願い致します。

性　別　　　□男　□女

年　齢　　　□10代　　□20代　　□30代　　□40代
　　　　　　□50代　　□60代以上

歩行補助具の使用
　　　　　　□無し　　□車椅子　　□杖　　□自転車
　　　　　　□その他（　　　　　　　　　　）

履き物
　　　　　　□運動靴　　□革靴　　□ハイヒール　　□サンダル
　　　　　　□その他（　　　　　　　　　　）

アスファルト系歩道舗装と比較してお答えください。

1．歩行性について

①歩きやすいと思いますか

□非常に歩きやすい	□やや歩きやすい	□どちらとも言えない	□やや歩きにくい	□非常に歩きにくい

43

②歩行の感触はいかがですか

□非常に いい感触	□やや いい感触	□どちらとも 言えない	□やや 不快な感触	□非常に 不快な感触

③歩行の際、涼しさを感じますか（**夏場のアンケート調査のみ、お答え下さい。**）

□非常に 涼しい	□やや 涼しい	□どちらとも 言えない	□やや 暑い	□非常に 暑い

２．安全性について

④硬さについてどう思いますか

□非常に 柔らかい	□やや 柔らかい	□どちらとも 言えない	□やや 固い	□非常に 固い

⑤滑りについて

□全く 問題ない	□あまり 問題ない	□どちらとも 言えない	□ややすべり やすい	□非常にすべ りやすい

⑥つまずきにくいですか、どう思いますか

□つまずき にくい	□ややつま ずきにくい	□どちらと も言えない	□ややつまず きやすい	□非常につまずき やすい

３．景観性について

⑦周辺環境との調和について。一望してみてどのように思いますか

□非常に調和 している	□やや調和 している	□どちらとも 言えない	□やや違和感 がある	□非常に違和 感がある

【参考資料1】

⑧景観の一部として土系舗装が味わいや魅力を発揮していると思いますか

□味わい、魅力を非常に感じる	□味わい、魅力をやや感じる	□どちらとも言えない	□味わい、魅力をあまり感じない	□味わい、魅力を全く感じない

⑨土系舗装は自然感があると思いますか

□非常に自然感があると思う	□やや自然感があると思う	□どちらとも言えない	□あまり自然感があるとは思わない	□全く自然感があるとは思わない

⑩土系舗装の色彩感（明るさ、暗さ）についてどう感じますか

□非常に明るく感じる	□やや明るく感じる	□どちらとも言えない	□やや暗く感じる	□非常に暗く感じる

4．総合評価

⑪土系舗装を利用したいですか

□よく利用したい	□やや利用したい	□どちらとも言えない	□あまり利用したくない	□全く利用したくない

⑫土系舗装を、どのような場所に施工したらよいと思いますか

アンケートは以上です。ご協力ありがとうございました。

【参考資料 2】各社の土系舗装
（共同研究参画会社の事例）

区分および工法名	項目	固化材	会社名	特徴
区分Ⅰ	共同研究比較品	高炉セメント2％添加	－	・アスファルト舗装と同程度の施工単価。
区分Ⅱ	パーフェクトクレイL	セメントor石灰＋天然有機物	NIPPO	・積雪寒冷地に適用可。 ・比較的安価である。 ・適度な保水性を有している。 ・主な対象は砂質土系。 ・粘性土系は条件付き。
区分Ⅱ	ポリカミックS	高炉セメント＋石灰系＋樹脂系トップコート	ニチレキ	・比較的安価である。 ・養生日数が短い。
区分Ⅱ	アスミックⅠ	ストレートアスファルト	鹿島道路	・アスファルトを使用しているので、セメント・石灰系に比較して硬化収縮によるひび割れが生じにくい。 ・混合物は混合してから一週間は練り置きできる。 ・養生日数が短い。
区分Ⅱ	マグフォームミックⅡ	マグネシウムセメント	日本道路	・マグネシウムセメント（低アルカリ、肥料と同じ成分）なので、土として再生利用が可。 ・顔料添加可能。
区分Ⅲ	マグフォームミック	マグネシウムセメント	日本道路	・吸水性骨材を用いるので、水の吸収性、水もちがよく、温度低減効果の持続性が良い。 ・マグネシウムセメント（低アルカリ、肥料と同じ成分）なので、土として再生利用が可。 ・顔料添加可能。
区分Ⅲ	エクセレントソイル	エポキシ樹脂＋ゴム入り明色乳剤	大成ロテック	・弾力性と強度・耐久性を併せ持ち、白華しない。 ・まさ土を乾燥させる必要がない。 ・養生日数が短い。
区分Ⅲ	デュソル	ウレタン樹脂＋高炉セメント	東亜道路工業 佐藤渡辺	・ウレタン樹脂を使用することで弾力性を有する。 ・顔料添加可能。

※概算単価は、平成21年4月時点のデータである。なお、使用材料（まさ土）や運搬費の地域差が生じるので注意する。

【参考資料2】

適用条件		施工条件		維持管理		概算単価※	積算の条件	
車の乗り入れ	積雪寒冷地	施工時期(日最低気温)	養生期間	想定される変状	対策の方法	直接工事費(標準施工厚)	基準面積	施工方式
不可(管理車両は可)	不可	気温5℃以上	7日	表面の荒れ	状態により部分打換え	1,700円/㎡(5cm)	300㎡	機械施工
不可(管理車両は可)	可(条件付き)	気温5℃以上	7日	表面の荒れ	状態により部分打換え	2,500円/㎡(5cm)	500㎡	機械施工
不可(管理車両は可)	不可	気温5℃以上	1日(冬季3日)	表面の荒れ	状態によりトップコート散布	2,500円/㎡(5cm)	500㎡	機械施工
不可(管理車両は可)	不可	気温5℃以上	1日	表面の荒れ	状態により部分打換えおよびトップコート散布	3,900円/㎡(7cm)	1000㎡	機械施工
不可(管理車両は可)	不可	気温5℃以上	3日(冬季7日)	表面の摩耗	状態により部分打換え	3,000円/㎡(4cm)使用骨材：まさ土のみ	300㎡	機械施工
不可(管理車両は可)	不可	気温5℃以上	3日(冬季7日)	表面の摩耗	状態により部分打換え	5,000円/㎡(4cm)	300㎡	機械施工
不可(管理車両は可)	不可	気温5℃以上	1日(冬季4日)	表面の荒れ	状態により部分打換え	5,650円/㎡(3cm)	300㎡	機械施工
不可(管理車両は可)	可	気温5℃以上	1日〜3日	骨材飛散	状態により部分打換え又は表面処理	5,300円/㎡(2cm)	300㎡	人力施工

工法名：パーフェクトクレイL（ガイドブック　区分Ⅰ）
会社名：㈱ＮＩＰＰＯ

1．工法の概要
・パーフェクトクレイLは、天然有機物などを含んだセメント系の固化材「ALC」や消石灰系の固化材「ALL」を土に添加して混合物を製造し、それを歩道や園路などの表層に適用した土系舗装です。従来のセメントや消石灰を使用した土系舗装よりも適度な硬さを有し、さらに保水性の高いことが最大の特徴です。

（舗装外観）

（舗装断面）

歩道用

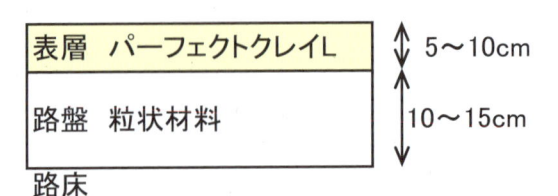

表層　パーフェクトクレイL	5〜10cm
路盤　粒状材料	10〜15cm
路床	

※耐久性を重視する場合は表面強化材を散布することがあります

【参考資料２】

２．工法の特長

（弾力性）

・「ALC」や「ALL」で固化しているにもかかわらず土本来の柔らかさを有しており、足腰に優しい舗装です。

・次の図は５kgの重錘を50cmの高さから供試体表面に自由落下させた時の変位量の測定例です。パーフェクトクレイLは、アスファルト舗装や他の安定処理土と比べて変位量が大きく、柔らかい舗装といえます。さらに、降雨後の柔らかさに変化が少なく、降雨後、短時間で使用できる状態になります。

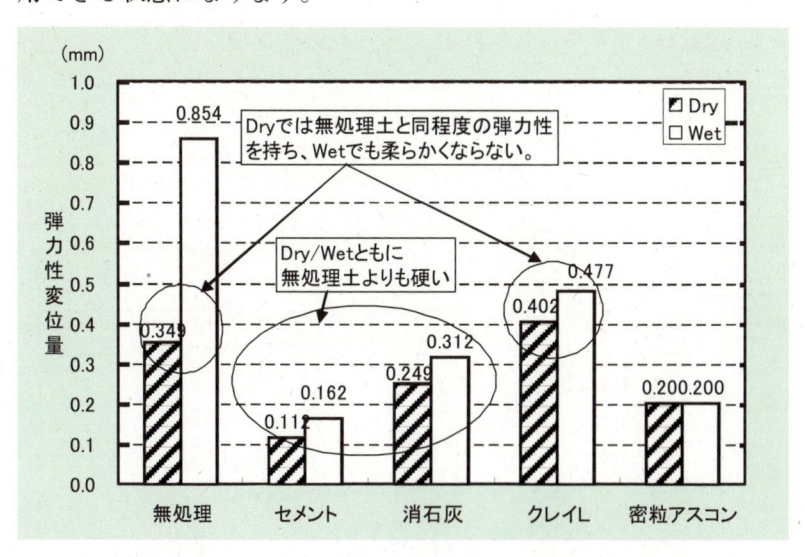

弾力性変位量 (mm)

種別	Dry	Wet
無処理	0.349	0.854
セメント	0.112	0.162
消石灰	0.249	0.312
クレイL	0.402	0.477
密粒アスコン	0.200	0.200

Dryでは無処理土と同程度の弾力性を持ち、Wetでも柔らかくならない。

Dry/Wetともに無処理土よりも硬い

（泥濘抑制効果）

・雨が降っても泥濘化しにくい舗装ですから、ぬかるみになりにくく、通常の土系舗装に比べれば服などを汚す心配も少なくなります。

・次の表は、供試体を１日間水浸させ、その表面を指で押して変化状況を確認した例です。L（パーフェクトクレイL）は、使用する土質に拘わらず泥濘抑制効果を有していることがわかります。

土質 項目	粘土性			混合土			砂質土		
	無処理	セメント	L (ALL)	無処理	セメント	L (ALL)	無処理	セメント	L (ALL)
表面状況	×	□	◎	×	□	◎	△	◎	○
判断基準	◎：全く変化なし　　○：ほとんど変化なし　　□：表面がわずかにゆるむ △：指で押すと膨潤しているのが確認できる　　×：膨潤し表面が崩れる								

(凍上抑制効果)

・積雪寒冷地においては、冬季に土中の水分が凍り、舗装が持ち上がるといった凍上現象が見られますが、このような凍上に対しても強い舗装です。

・次の図は、供試体を-10℃で3日間、強制的に凍上させた時の凍上量の測定例です。通常の安定処理土より凍上量が少なくなっています。（凍上は土中に水が存在すれば必ず発生するので、完全に抑制されるということではありません。）

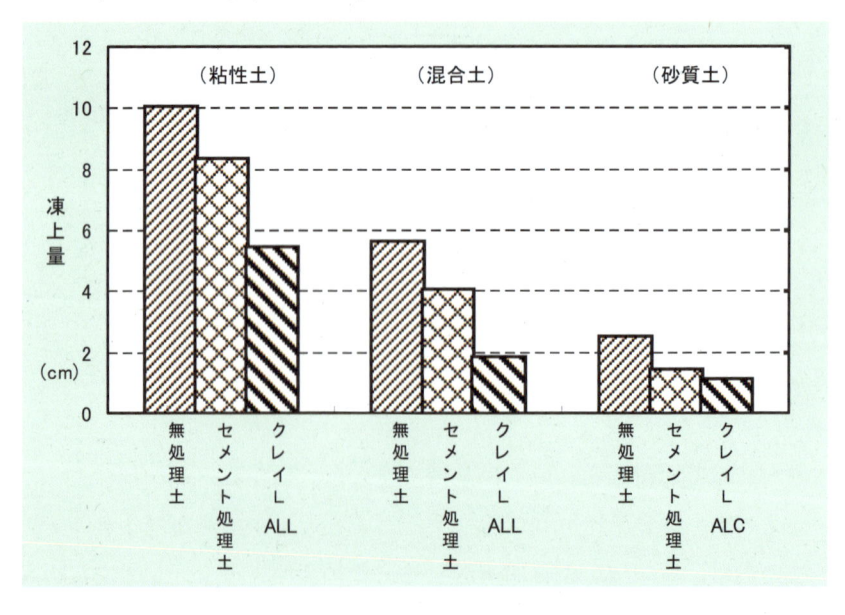

（路面温度低減効果）
・適度な保水性を有していますので、埃がたちにくく、さらに夏季の路面温度が上がりにくい路面温度低減効果を有した舗装です。
・次の図は路面温度の測定例です。パーフェクトクレイLは、細粒度アスコンより約20℃の路面温度低減効果がありました。

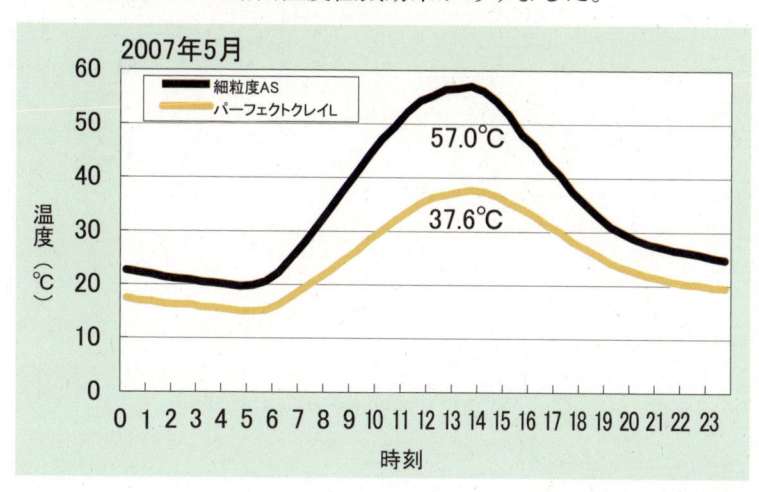

（その他）
・従来のセメント系の土系舗装のように、表面が白っぽくなることなく土色を保持し、周囲の環境と違和感なく調和して落ち着きのある自然観に優れた景観を提供します。
・砂質土を対象とした固化材「ALC」と粘性土を対象とした固化材「ALL」があり、広範囲の土質に対応可能です。

3．適用箇所
・歩道、遊歩道、園路、神社仏閣の参道など
・子供広場、各種グラウンド、ジョギングコースなど

4．使用材料および配合

・固化材の「ALC」および「ALL」は、適用する土質によって使い分けます。

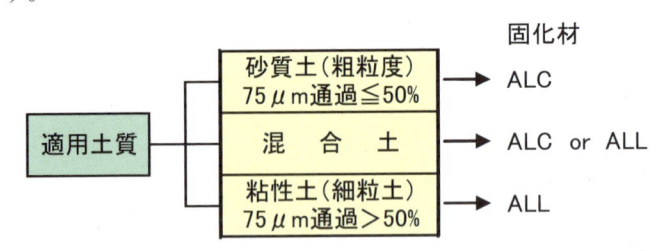

```
                  ┌─ 砂質土（粗粒度）      → ALC
                  │   75μm通過≦50%
    適用土質 ─────┼─ 混　合　土           → ALC or ALL
                  │
                  └─ 粘性土（細粒土）      → ALL
                      75μm通過＞50%
```

・配合設定（固化材添加量の決定）で目標とする物性値は下図に示す値を標準としますが、現場における適用状況や要求性能のレベルなどによって適宜設定することが重要です。

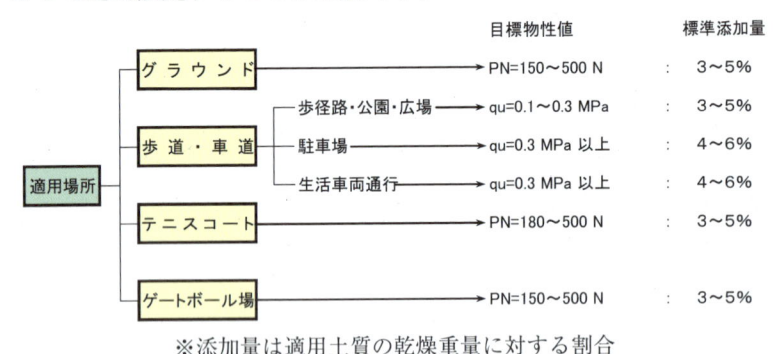

		目標物性値	標準添加量
グラウンド		PN=150〜500 N	3〜5%
歩道・車道	歩径路・公園・広場	qu=0.1〜0.3 MPa	3〜5%
	駐車場	qu=0.3 MPa 以上	4〜6%
	生活車両通行	qu=0.3 MPa 以上	4〜6%
テニスコート		PN=180〜500 N	3〜5%
ゲートボール場		PN=150〜500 N	3〜5%

※添加量は適用土質の乾燥重量に対する割合

【参考資料2】

5．施工手順
・施工フローは以下のとおりです。

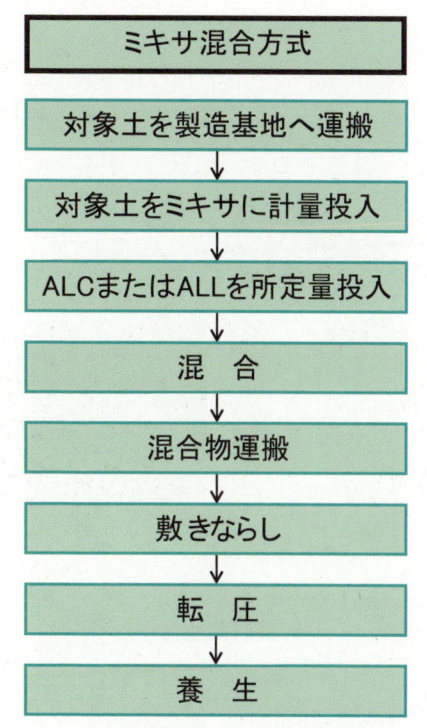

```
┌─────────────────────┐
│    ミキサ混合方式    │
└─────────────────────┘
           ↓
┌─────────────────────┐
│  対象土を製造基地へ運搬  │
└─────────────────────┘
           ↓
┌─────────────────────┐
│ 対象土をミキサに計量投入 │
└─────────────────────┘
           ↓
┌─────────────────────┐
│ ALCまたはALLを所定量投入 │
└─────────────────────┘
           ↓
┌─────────────────────┐
│        混　合        │
└─────────────────────┘
           ↓
┌─────────────────────┐
│      混合物運搬       │
└─────────────────────┘
           ↓
┌─────────────────────┐
│      敷きならし       │
└─────────────────────┘
           ↓
┌─────────────────────┐
│       転　圧         │
└─────────────────────┘
           ↓
┌─────────────────────┐
│       養　生         │
└─────────────────────┘
```

※対象土はバッキ、散水等で最適含水比付近に調整することが必要

6．注意点
・供用状況によっては表面の荒れ、また、施工線形によってはヘアクラックが発生することがあります。
・気温が5℃以下になることが予想される場合は、凍害を受ける可能性がありますので、この時期の施工は避けてください。
・施工後、原則として7日の養生を必要とします。

7．施工状況

（混合）

・混合にはモルタルミキサを使用します。

・ミキサに対象土を投入後、「ALC」または「ALL」を投入して1分間混合します。含水比調整が必要な場合は、加水後さらに1分間混合して排出・運搬を行います。

混合状況

（敷きならし）

・一般的に敷きならしにはアスファルトフィニッシャを使用します。

敷きならし状況

【参考資料2】

(転圧)
・初転圧は1tローラにて一往復程度、二次転圧は3tタイヤローラにて十分締め固めます。
・端部はビブロプレートやタンパを使用します。

転圧状況

(養生)
・施工後、原則として7日の養生を必要とします。

養生状況 　　　　　　　　　　完了

8．施工事例

（新潟県糸魚川市）

（鳥取県若桜市）

（鹿児島県阿久根市）

≪問い合わせ先≫

㈱NIPPO　舗装事業本部　生産技術機械部　生産技術グループ

〒104-8380　東京都中央区京橋1-19-1　Tel 03-3563-6727　Fax 03-3567-4085

【参考資料2】

（参考：環境安全性試験結果 「ALC」3％）

含有試験	項目	分析結果	適否	基準(mg/kg)
第二種特定有害物質（重金属等）	カドミウムおよびその化合物	＜1.0	適合	150以下
	六価クロム化合物	＜10	適合	250以下
	シアン化合物	＜5	適合	50以下
	水銀その化合物	＜1.0	適合	15以下
	セレンおよびその化合物	＜1.0	適合	150以下
	鉛およびその化合物	＜10	適合	150以下
	砒素およびその化合物	＜10	適合	150以下
	フッ素およびその化合物	＜100	適合	4000以下
	ホウ素およびその化合物	＜50	適合	4000以下

溶出試験	項目	分析結果	適否	基準(mg/L)
第一種特定有害物質（揮発性有機化合物）	四塩化炭素	＜0.0002	適合	0.002以下
	1,2-ジクロロエタン	＜0.0004	適合	0.004以下
	1,1-ジクロロエチレン	＜0.002	適合	0.02以下
	シス-1,2-ジクロロエチレン	＜0.004	適合	0.04以下
	1,3-ジクロロプロペン	＜0.0002	適合	0.002以下
	ジクロロメタン	＜0.002	適合	0.02以下
	テトラクロロエチレン	＜0.001	適合	0.01以下
	1,1,1-トリクロロエタン	＜0.001	適合	1以下
	1,1,2-トリクロロエタン	＜0.0006	適合	0.006以下
	トリクロロエチレン	＜0.003	適合	0.03以下
	ベンゼン	＜0.001	適合	0.01以下
第二種特定有害物質（重金属等）	カドミウムおよびその化合物	＜0.001	適合	0.01以下
	六価クロム化合物	＜0.005	適合	0.05以下
	シアン化合物	＜0.1	適合	検出されないこと
	水銀その化合物	＜0.0005	適合	0.0005以下
	うちアルキル水銀	＜0.0005	適合	検出されないこと
	セレンおよびその化合物	＜0.001	適合	0.01以下
	鉛およびその化合物	＜0.001	適合	0.01以下
	砒素およびその化合物	0.001	適合	0.01以下
	フッ素およびその化合物	0.23	適合	0.8以下
	ホウ素およびその化合物	＜0.1	適合	1以下

※＜は定量下限値以下を表す

工法名：ポリカミックS（ガイドブック　区分Ⅱ）
会社名：ニチレキ㈱

1．工法の概要

　ポリカミックSは、まさ土など現地の土を活かした工法で、現地の土とセメント、消石灰の混合物に特殊乳剤でトップコートを施す土系舗装です。

　土本来の風合いを活かすことで自然との調和を実現するとともに、適度な弾力性を有することから歩行者にやさしい歩きごこちを提供します。

　そのため、歩道，公園の広場や歩道，遊歩道，校庭など様々なニーズに活用することができます。

(舗装外観)

(舗装断面)

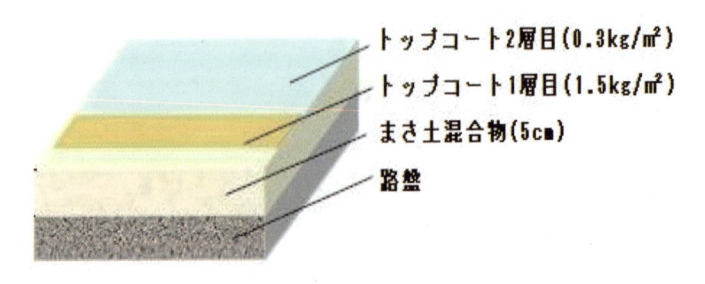

トップコート2層目(0.3kg/㎡)
トップコート1層目(1.5kg/㎡)
まさ土混合物(5cm)
路盤

【参考資料2】

2．工法の特長

・土の風合いを活かすことで、公園など自然環境との調和に優れています。
・適度な弾力性を有するため、歩行者にやさしい歩き心地を提供します。
・樹脂系トップコートを用いることで、面荒れを防止するとともに、耐候性を向上させます。
・アスファルト舗装に比べて路面温度上昇を抑制できます。

（路面温度低減効果）

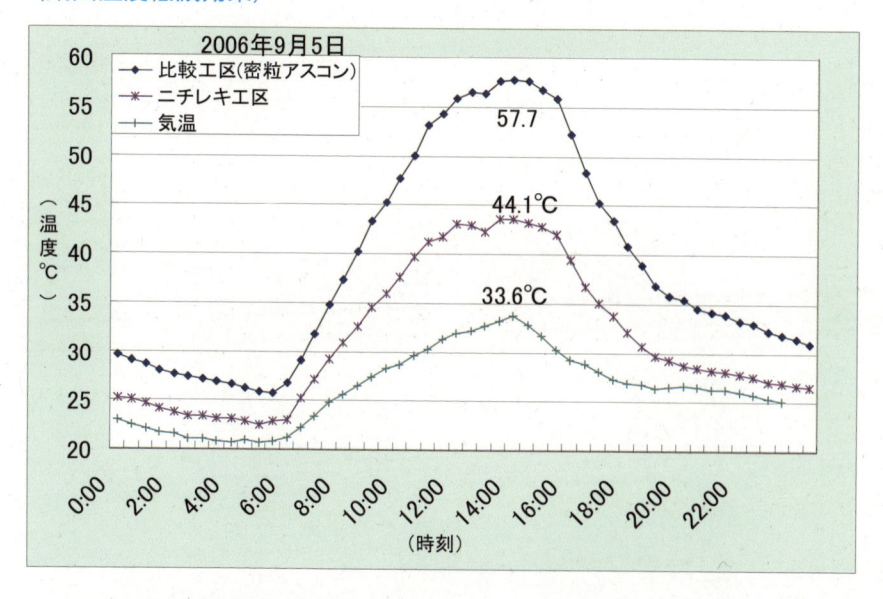

2006年9月5日
凡例：比較工区（密粒アスコン）／ニチレキ工区／気温

57.7
44.1℃
33.6℃

（温度℃）／（時刻）

3．適用箇所

・歩道、公園の広場や歩道、遊歩道、校庭など

4．使用材料および配合

まさ土混合物	
材料	配合比（％）
まさ土	97
高炉セメント	1
消石灰	2
添加水量	※必要に応じて

※使用するまさ土の最適含水比になるように添加

トップコート	
	散布量
1層目	1.5kg/m²
2層目	0.3kg/m²

5．施工手順

施工フローを以下に示す。

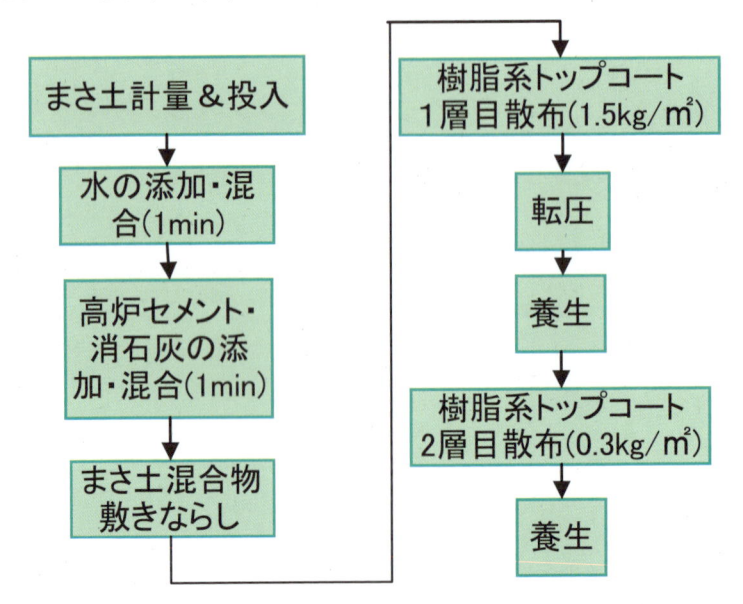

```
まさ土計量＆投入
       ↓
水の添加・混合(1min)
       ↓
高炉セメント・消石灰の添加・混合(1min)
       ↓
まさ土混合物敷きならし
       ↓
樹脂系トップコート1層目散布(1.5kg/m²)
       ↓
転圧
       ↓
養生
       ↓
樹脂系トップコート2層目散布(0.3kg/m²)
       ↓
養生
```

【参考資料２】

6．注意点
・冬季の施工や、寒冷地では、凍害を受けることがあります。
・施工後、通常１日で交通開放できますが、冬期間は最大３日間の養生を要する場合があります。

7．施工状況

混合状況

　ミキサにまさ土、添加水を投入し１分間混合する。その後固化材（高炉セメント、消石灰）を投入して１分間の混合を行う。

敷きならし状況

敷きならし状況

トップコート1層目散布状況

　トップコートは浸透を高めるため、混合物敷きならし後、転圧前に1層目の散布を行う。

【参考資料2】

転圧状況

　混合物敷きならし後、コンバインドローラで転圧する。混合物のローラへの付着がないため、転圧時にローラへの散水の必要はない。

トップコート2層目散布状況

　転圧後、養生し2層目の散布を行う。散布者が施工箇所に乗り入れずに散布が行える場合は転圧直後に散布可能。

8．施工事例

（宮崎県串間市）

施工前

施工後

≪問い合わせ先≫

ニチレキ㈱　技術研究所　施工技術課

〒329-0412　栃木県下野市柴272　Tel 0285-44-7111　Fax 0285-44-7115

【参考資料2】

（参考：環境安全性試験結果）

含有試験		項目	分析結果	適否	基準(mg/kg)
第二種特定有害物質	（重金属等）	カドミウムおよびその化合物	<1.0	適合	150以下
		六価クロム化合物	<1.0	適合	250以下
		シアン化合物	<0.5	適合	50以下
		水銀その化合物	<0.05	適合	15以下
		セレンおよびその化合物	<1.0	適合	150以下
		鉛およびその化合物	<5.0	適合	150以下
		砒素およびその化合物	<1.0	適合	150以下
		フッ素およびその化合物	<50	適合	4000以下
		ホウ素およびその化合物	<2.0	適合	4000以下

溶出試験		項目	分析結果	適否	基準(mg/L)
第一種特定有害物質	（揮発性有機化合物）	四塩化炭素	<0.0002	適合	0.002以下
		1,2-ジクロロエタン	<0.0004	適合	0.004以下
		1,1-ジクロロエチレン	<0.002	適合	0.02以下
		シス-1,2-ジクロロエチレン	<0.004	適合	0.04以下
		1,3-ジクロロプロペン	<0.0002	適合	0.002以下
		ジクロロメタン	<0.002	適合	0.02以下
		テトラクロロエチレン	<0.001	適合	0.01以下
		1,1,1-トリクロロエタン	<0.1	適合	1以下
		1,1,2-トリクロロエタン	<0.0006	適合	0.006以下
		トリクロロエチレン	<0.003	適合	0.03以下
		ベンゼン	<0.001	適合	0.01以下
第二種特定有害物質	（重金属等）	カドミウムおよびその化合物	<0.001	適合	0.01以下
		六価クロム化合物	<0.01	適合	0.05以下
		シアン化合物	不検出	適合	検出されないこと
		水銀その化合物	<0.0005	適合	0.0005以下
		うちアルキル水銀	<0.0005	適合	検出されないこと
		セレンおよびその化合物	<0.001	適合	0.01以下
		鉛およびその化合物	<0.005	適合	0.01以下
		砒素およびその化合物	<0.001	適合	0.01以下
		フッ素およびその化合物	<0.08	適合	0.8以下
		ホウ素およびその化合物	<0.1	適合	1以下

※<は定量下限値以下を表す

工法名：アスミックⅠ（ガイドブック　区分Ⅱ）
会社名：鹿島道路㈱

1．工法の概要

　アスミックⅠは、ストレートアスファルトを加熱し、霧状の微粒子状態（200μm以下：右下写真参照）とし常温の砂質土中に少量添加して混合する安定処理工法であり、主に公園内の遊歩道を対象としたクレイ系舗装です。アスファルトを霧状にして直接砂質土中に噴霧・混合するのは、土粒子をアスファルトでコーティングすることではなく、アスファルトを微粒子として土粒子間に均一に分散させることで、このアスファルトの働きによって、土の安定性を高めるためです。

アスミックⅠの顕微鏡写真

（舗装外観）

（舗装断面）

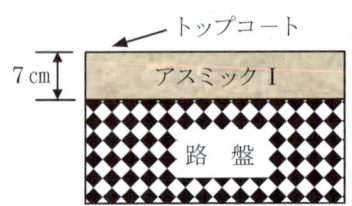

【参考資料2】

2．工法の特長

【アスファルト舗装と比較して】

・自然土に近い色合いにより、自然、遺跡、史跡などの周辺環境と調和します。
・衝撃吸収性に優れるため足腰に優しく、自然な歩行感が得られます。
・舗装体内に吸収・保水された水分が蒸発し、水の気化熱により、路面温度の上昇を抑制する効果があります。

【土と比較して】

・霧状のアスファルトが土粒子間に均一に分散し、土の安定性を向上させているために、降雨によるぬかるみや土埃の発生を抑制します。

【その他】

・セメント系固化材を使用したものと比べて、ひび割れ等の補修が容易です。
・土の安定材としてストレートアスファルトを用いているため、必要な養生日数は1日程度であり、化学反応系の固化材を使用したものに比べて、施工後の早期供用が可能です。

≪ 路面温度低減効果 ≫

アスファルト舗装と比較してアスミックⅠは、路面温度上昇を抑制することができるため、人と環境にやさしい舗装であるといえます。

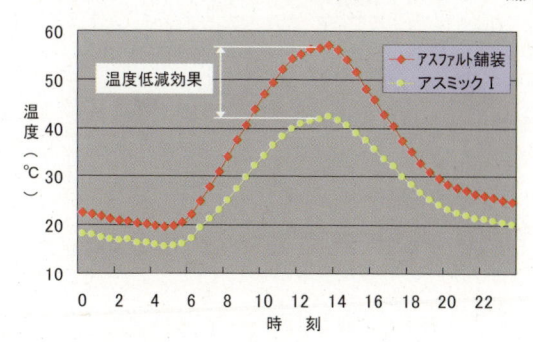

路面温度低減効果測定例
（土木研究所内試験施工結果より）

≪ 路面の弾力性 ≫

　路面の弾力性試験から、アスミックⅠはクレイ系に近い性状を有しており、身体に負担の小さい路面であるといえます。

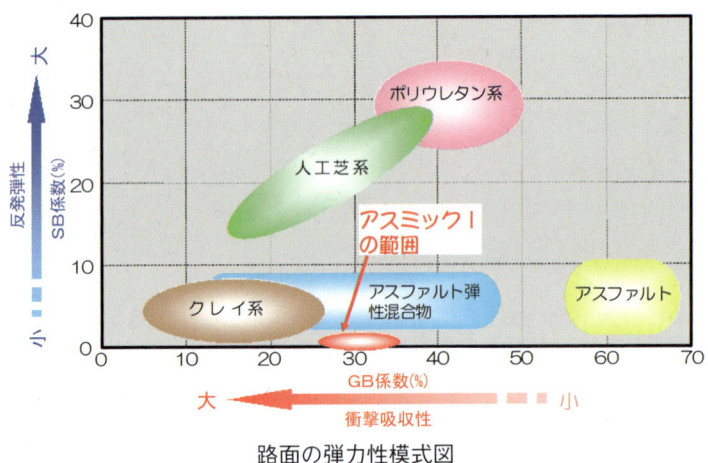

路面の弾力性模式図

3．適用箇所
・歩道、遊歩道、園路、ジョギングロード、広場など
・文化施設、遺跡、史跡、遊園地、ホテルなどの外構

4．使用材料および配合(例)

材料	まさ土	ストレートアスファルト
配合比	100%	4.0%[※1]

※1：配合例であり、室内配合試験（圧裂強度試験）により決定

【参考資料２】

5．施工手順

施工フローを以下に示す。

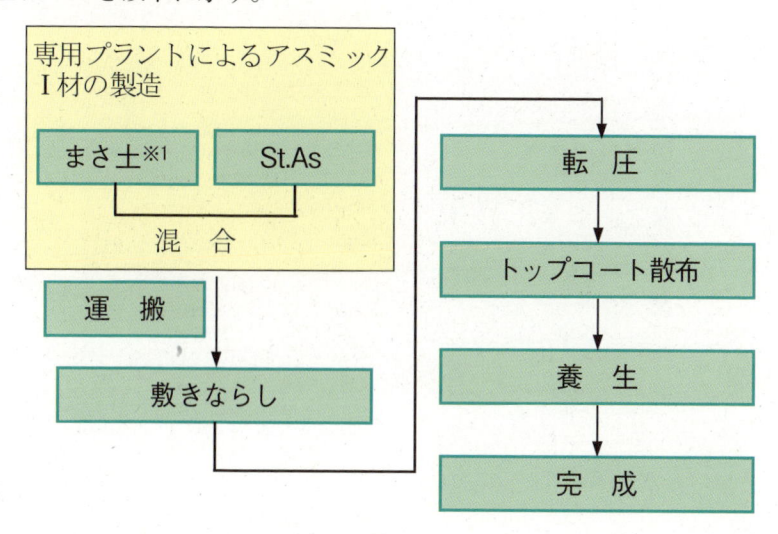

```
専用プラントによるアスミック
Ⅰ材の製造
 ┌─────────┬─────────┐
 │ まさ土※1 │  St.As  │
 └────┬────┴────┬────┘
      └── 混 合 ──┘
          │
        運 搬
          │
        敷きならし
          │
        転 圧
          │
        トップコート散布
          │
        養 生
          │
        完 成
```

※1：まさ土は最適含水比

6．注意点

・日最低気温が5℃以下になる場合は、凍害を受ける可能性がありますので、この時期の施工は避けてください。
・頻繁に水が流れる箇所や屋根等からの雨だれを受ける箇所では、洗掘が生じることがあります。

7．施工状況

アスミックⅠ材製造状況

　アスミックⅠ材は、可搬型専用プラントにより、アスファルトとまさ土を混合して製造します。

　製造したアスミックⅠ材は、施工現場へ運ばれます。

敷きならし状況

　敷きならしは、アスファルトフィニッシャまたは、人力にて行います。

【参考資料2】

締固め状況

　締固め（転圧）は、スチールローラやコンバインドローラを用いて行います。

トップコート散布状況

　締固め完了後、表面にトップコート材を散布します。トップコートが乾燥するまで養生を行い、完成となります。

8．施工事例

宮城県 柴田郡

佐賀県 神崎郡

新潟県　北蒲原郡

≪問い合わせ先≫

鹿島道路㈱　営業本部　技術営業部

〒112-8566　東京都文京区後楽1-7-27　Tel 03-5802-8009　Fax 03-5802-8042

【参考資料2】

(参考：環境安全性試験結果)

含有試験		項目	分析結果	適否	基準(mg/kg)
第二種特定有害物質	(重金属等)	カドミウムおよびその化合物	<1.0	適合	150以下
		六価クロム化合物	<2.0	適合	250以下
		シアン化合物	<1.0	適合	50以下
		水銀その化合物	<0.1	適合	15以下
		セレンおよびその化合物	<1.0	適合	150以下
		鉛およびその化合物	<10	適合	150以下
		砒素およびその化合物	<0.5	適合	150以下
		フッ素およびその化合物	<40	適合	4000以下
		ホウ素およびその化合物	<10	適合	4000以下

溶出試験		項目	分析結果	適否	基準(mg/L)
第一種特定有害物質	(揮発性有機化合物)	四塩化炭素	<0.0002	適合	0.002以下
		1,2-ジクロロエタン	<0.0004	適合	0.004以下
		1,1-ジクロロエチレン	<0.002	適合	0.02以下
		シス-1,2-ジクロロエチレン	<0.004	適合	0.04以下
		1,3-ジクロロプロペン	<0.0002	適合	0.002以下
		ジクロロメタン	<0.002	適合	0.02以下
		テトラクロロエチレン	<0.001	適合	0.01以下
		1,1,1-トリクロロエタン	<0.001	適合	1以下
		1,1,2-トリクロロエタン	<0.0006	適合	0.006以下
		トリクロロエチレン	<0.001	適合	0.03以下
		ベンゼン	<0.001	適合	0.01以下
第二種特定有害物質	(重金属等)	カドミウムおよびその化合物	<0.001	適合	0.01以下
		六価クロム化合物	<0.01	適合	0.05以下
		シアン化合物	不検出	適合	検出されないこと
		水銀その化合物	<0.0005	適合	0.0005以下
		うちアルキル水銀	不検出	適合	検出されないこと
		セレンおよびその化合物	<0.002	適合	0.01以下
		鉛およびその化合物	<0.005	適合	0.01以下
		砒素およびその化合物	<0.001	適合	0.01以下
		フッ素およびその化合物	<0.1	適合	0.8以下
		ホウ素およびその化合物	<0.1	適合	1以下

※<は定量下限値以下を表す

工法名：マグフォームミック（ガイドブック　区分Ⅱ，Ⅲ）
会社名：日本道路㈱

１．工法の概要

　マグフォームミックは、自然土（まさ土など）と、マグネシウム系セメントを常温混合した環境に優しい土系舗装であり、従来の土系舗装にみられた自然土の欠点である降雨時のぬかるみや晴天時の砂埃などを抑制する目的で開発されました。

　自然景観性と共に保水性や耐久性も兼ね備えているので、自然道や遊歩道など自然の風合いを活かした歩行者系舗装に適しています。

（舗装外観）

（舗装断面）

マグフォームミック	4cm ～ 7cm
粒調路盤または保水路盤	10cm ,15cm

【参考資料2】

2．工法の特長

・自然土の風合いを活かした視覚的快適性に優れた舗装です。
・肥料と同成分の弱アルカリのマグネシウム系セメントを用いており、浸透した水は植物・動物にも無害です。
・衝撃吸収性が大きく、疲労感の少ない舗装です。
・降雨を浸透保水するので、水溜まりができにくく清涼感があります。夏季の温度上昇を抑制し、都市部ではヒートアイランド現象抑制の一助となります。
・従来の土系舗装より霜害に強く、降雨による軟弱化・流出が抑制できます。

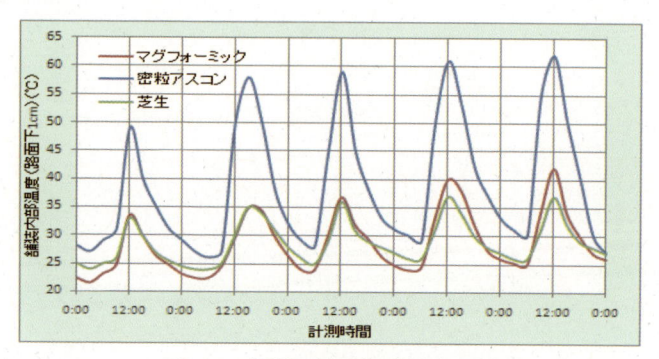

図―1．夏季の路面温度測定の例

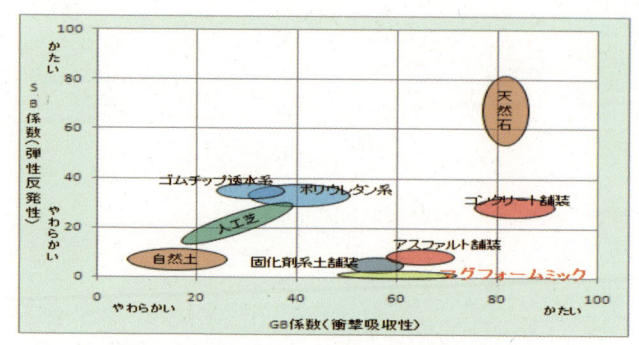

図―2．路面性状の例（GB/SB係数の関係）

3．適用箇所
・自然道、遊歩道、公園、庭園
・運動場、キャンプ場、遊園地、多目的広場
・ジョギングコースなど

4．使用材料および配合

材料	まさ土	マグホワイト (マグネシウム系セメント)	特殊添加材
配合比（％）	100.0	5.0	0.25

表-1．配合例

5．施工手順
　施工は次のような手順で行います。

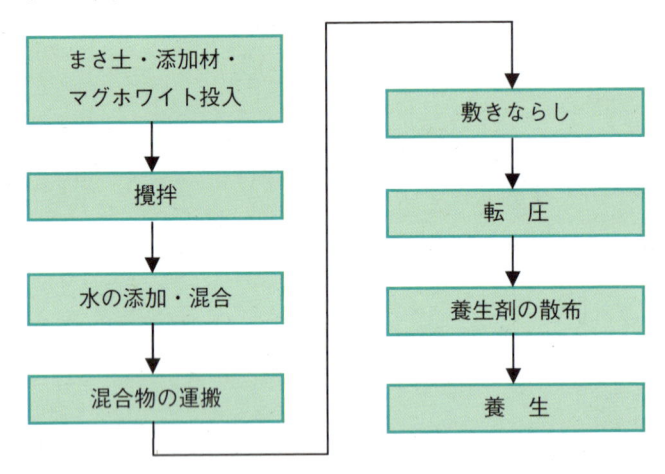

```
まさ土・添加材・マグホワイト投入
          ↓
        攪拌
          ↓
      水の添加・混合
          ↓
      混合物の運搬
          ↓
      敷きならし
          ↓
        転　圧
          ↓
      養生剤の散布
          ↓
        養　生
```

【参考資料２】

６．注意点
・外気温５℃以上を確保できる時期に施工し、養生期間は３日以上、外気温が５℃以下となる場合は７日以上必要になります。
・混合から転圧を概ね１時間以内に行います。

７．施工状況
(混合)
混合は強制練りモルタルミキサまたは移動式プラントで行います。

（敷きならし）

　通常はアスファルトフィニッシャを使用しますが、狭小部や不規則な幅員箇所では人力施工となります。

（締固め）

締固めは、ハンドガイドローラと振動プレート等を用いて行います。十分な強度と締固めを得る場合には、小型タイヤローラも併用します。

【参考資料2】

8．施工事例

（愛知県名古屋市）愛地球博バイオラング回廊舗装

（神奈川県大磯町）太平洋岸自転車道

（島根県松江市）松江城北堀沿い

（島根県松江市）松江城北堀沿い

≪問い合わせ先≫

日本道路㈱　営業本部　技術営業部

〒105-0004　東京都港区新橋1-6-5　Tel 03-3571-4893　Fax 03-3289-1655

【参考資料2】

(参考：環境安全性試験結果)

含有試験		項目	分析結果	適否	基準(mg/kg)
第二種特定有害物質	（重金属等）	カドミウムおよびその化合物	<1	適合	150以下
		六価クロム化合物	<1	適合	1以下
		シアン化合物	<0.5	適合	50以下
		水銀その化合物	<0.05	適合	15以下
		セレンおよびその化合物	<1	適合	1以下
		鉛およびその化合物	6	適合	150以下
		砒素およびその化合物	<1	適合	150以下
		フッ素およびその化合物	130	適合	4000以下
		ホウ素およびその化合物	12	適合	4000以下

溶出試験		項目	分析結果	適否	基準(mg/L)
第一種特定有害物質	（揮発性有機化合物）	四塩化炭素	<0.0002	適合	0.002以下
		1,2-ジクロロエタン	<0.0004	適合	0.004以下
		1,1-ジクロロエチレン	<0.002	適合	0.02以下
		シス-1,2-ジクロロエチレン	<0.004	適合	0.04以下
		1,3-ジクロロプロペン	<0.0002	適合	0.002以下
		ジクロロメタン	<0.002	適合	0.02以下
		テトラクロロエチレン	<0.001	適合	0.01以下
		1,1,1-トリクロロエタン	<0.01	適合	1以下
		1,1,2-トリクロロエタン	<0.0006	適合	0.006以下
		トリクロロエチレン	<0.003	適合	0.03以下
		ベンゼン	<0.001	適合	0.01以下
第二種特定有害物質	（重金属等）	カドミウムおよびその化合物	<0.001	適合	0.01以下
		六価クロム化合物	<0.01	適合	0.05以下
		シアン化合物	不検出	適合	検出されないこと
		水銀その化合物	<0.0005	適合	0.0005以下
		うちアルキル水銀	<0.0005	適合	検出されないこと
		セレンおよびその化合物	0.001	適合	0.01以下
		鉛およびその化合物	<0.005	適合	0.01以下
		砒素およびその化合物	<0.001	適合	0.01以下
		フッ素およびその化合物	0.51	適合	0.8以下
		ホウ素およびその化合物	0.2	適合	1以下

※<は定量下限値以下を表す

工法名：エクセレントソイル（ガイドブック　区分Ⅲ）
会社名：大成ロテック㈱

1．工法の概要

　エクセレントソイルは、まさ土を主材料とし、エポキシ樹脂とゴム入り明色乳剤を混合したものを固化材（以下、特殊エポキシ樹脂乳剤）として使用した土系舗装です。主材料をまさ土としているため、土本来の風合いと自然感を有するとともに、固化材の特性により適度な弾力性、衝撃吸収性を備えています。このため、歩道や園路、遺跡・史跡・景勝地などの広場や歩行者系舗装に適しています。

（舗装外観）

（舗装断面）

歩道用

表層：エクセレントソイル	3cm
路盤（クラッシャラン）	10cm

※基層を舗設することで、乗り入れ部にも適用できます。

【参考資料２】

２．工法の特長

- 主材料には、自然土を使用しているため、土の風合いが高く、自然・遺跡・史跡などの景観との調和性に優れています。
- 弾力性、衝撃吸収性を有するため、心地よい歩行感があります。
- 雨天時でもぬかるみにならず、すべりにくいため、安心して歩けます。
- 晴天時、風の強い日でも砂埃がほとんど立ちません。
- 特殊エポキシ樹脂乳剤を固化材として用いることで、適度な弾力性と強度（耐久性）を両立させました。
- 固化材に使用する特殊エポキシ樹脂乳剤は、湿潤状態のまさ土と直接混合できるため、まさ土を乾燥させる必要がありません。
- 固化材にセメントを用いていないため、白華現象が起きません。
- 通常のアスファルト舗装用機械による施工が可能ですので、人力施工に比べ施工効率が向上します。
- 基層にアスファルト舗装等を舗設することで、乗り入れ部にも適用できます。
- 保水性を有するので、アスファルト舗装に比べて路面温度の上昇が抑制でき、熱環境に優しい舗装といえます。

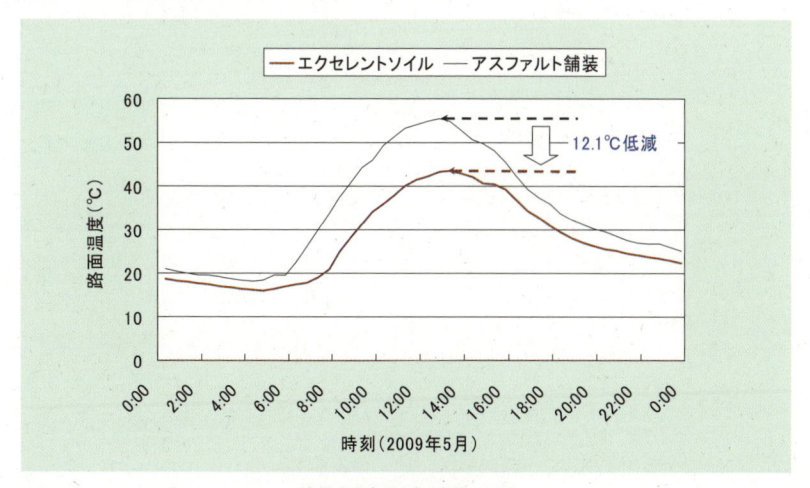

路面温度測定結果の例

3．路面性状例

評価項目	評価指標	測定値	目標値
弾力性	GB反発係数	64%	GB70%以下
	SB反発係数	2%	—
すべり抵抗性	BPN値	81	40以上
硬さ （貫入抵抗性）	プロクター ニードル	130ポンド以上	60ポンド以上

4．適用箇所

　歩道や園路、遺跡・史跡・景勝地などの広場や歩行者系舗装

5．使用材料および配合例

項目	主材料	固化材（特殊エポキシ樹脂乳剤）	
		エポキシ樹脂		ゴム入り乳剤
材料	まさ土※	主剤	硬化剤	
質量比	100%	8～9%		

※まさ土は最適含水比付近の含水状態での混合が望ましい

【参考資料2】

6．施工手順

施工フローを以下に示します。

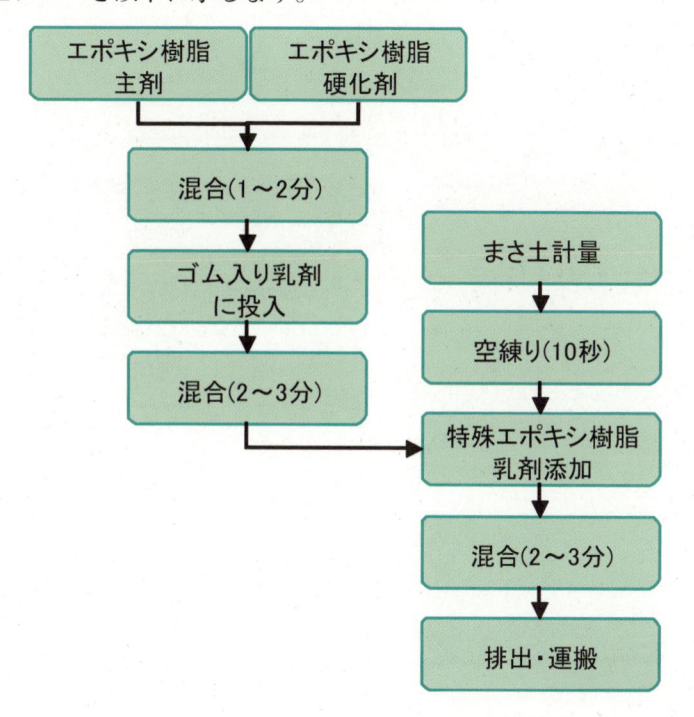

```
エポキシ樹脂主剤 ─┐   ┌─ エポキシ樹脂硬化剤
                  ↓   ↓
               混合(1～2分)
                    ↓
              ゴム入り乳剤に投入
                    ↓
               混合(2～3分)              まさ土計量
                    │                       ↓
                    │                   空練り(10秒)
                    │                       ↓
                    └────────────→ 特殊エポキシ樹脂乳剤添加
                                            ↓
                                        混合(2～3分)
                                            ↓
                                         排出・運搬
```

7．注意点

・施工直後に気温が5℃以下になる場合は、固化材の硬化不良を起こす可能性がありますので、この時期の施工はできるだけ避けてください。

・通常1日の養生で供用可能ですが、冬期では最大で4日間の養生を要する場合があります。

・混合物の収縮によるひび割れの発生を予防するため、約10mごとにカッター目地を設けてください。

8．施工状況

エクセレントソイルは、混合物の製造から施工までを現地で行います。

（1）特殊エポキシ樹脂乳剤混合状況

ハンドミキサを用いて、エポキシ樹脂（主剤・硬化剤）を1～2分間混合した後、ゴム入り乳剤に投入し、2～3分間混合します。

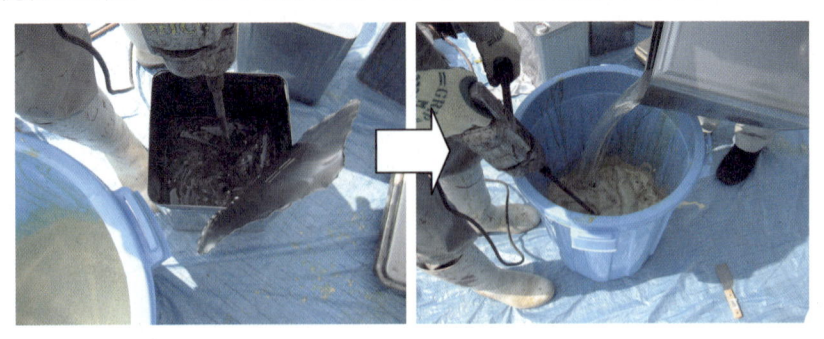

（2）混合物製造状況

まさ土に特殊エポキシ樹脂乳剤を添加し、2～3分間混合し、排出します。

【参考資料2】

（3）敷きならし状況

　アスファルトフィニッシャを用いて、常温で混合物の敷きならしを行います。

（4）転圧状況

　ハンドガイドローラ等にて転圧を行います。

9．施工事例

施工場所：福岡県八女郡立花町

施工時期：平成20年3月

≪問い合わせ先≫

大成ロテック㈱　営業企画推進部　技術営業推進室

〒104-0031　東京都中央区京橋3-13-1　Tel 03-3567-9648　Fax 03-3561-5342

【参考資料2】

(参考：環境安全性試験結果)

含有試験		項目	分析結果	適否	基準(mg/kg)
第二種特定有害物質	(重金属等)	カドミウムおよびその化合物	<10	適合	150以下
		六価クロム化合物	<10	適合	250以下
		シアン化合物	<5	適合	50以下
		水銀その化合物	<1	適合	15以下
		セレンおよびその化合物	<10	適合	150以下
		鉛およびその化合物	<10	適合	150以下
		砒素およびその化合物	<10	適合	150以下
		フッ素およびその化合物	<100	適合	4000以下
		ホウ素およびその化合物	<100	適合	4000以下

溶出試験		項目	分析結果	適否	基準(mg/L)
第一種特定有害物質	(揮発性有機化合物)	四塩化炭素	<0.0002	適合	0.002以下
		1,2-ジクロロエタン	<0.0004	適合	0.004以下
		1,1-ジクロロエチレン	<0.002	適合	0.02以下
		シス-1,2-ジクロロエチレン	<0.004	適合	0.04以下
		1,3-ジクロロプロペン	<0.0002	適合	0.002以下
		ジクロロメタン	<0.002	適合	0.02以下
		テトラクロロエチレン	<0.001	適合	0.01以下
		1,1,1-トリクロロエタン	<0.1	適合	1以下
		1,1,2-トリクロロエタン	<0.0006	適合	0.006以下
		トリクロロエチレン	<0.003	適合	0.03以下
		ベンゼン	<0.001	適合	0.01以下
第二種特定有害物質	(重金属等)	カドミウムおよびその化合物	<0.001	適合	0.01以下
		六価クロム化合物	0.05	適合	0.05以下
		シアン化合物	検出せず	適合	検出されないこと
		水銀その化合物	<0.0005	適合	0.0005以下
		うちアルキル水銀	検出せず	適合	検出されないこと
		セレンおよびその化合物	<0.002	適合	0.01以下
		鉛およびその化合物	<0.005	適合	0.01以下
		砒素およびその化合物	<0.005	適合	0.01以下
		フッ素およびその化合物	<0.08	適合	0.8以下
		ホウ素およびその化合物	<0.1	適合	1以下

※<は定量下限値以下を表す

工法名：デュソル（ガイドブック　区分Ⅲ）
会社名：東亜道路工業㈱・㈱佐藤渡辺

１．工法の概要
　デュソルは、主にまさ土と特殊ウレタン樹脂を混合し、敷きならし、締固めた「土」の素材感を活かした土系舗装です。主材料はまさ土などとしているため、土本来の風合いと自然感を有するとともに、適度な弾力によってソフトな歩行感を備えています。このため、歩道や園路などの自然景観やジョギングロード、遊歩道などに適した歩道用舗装です。

（舗装外観）

（舗装断面）

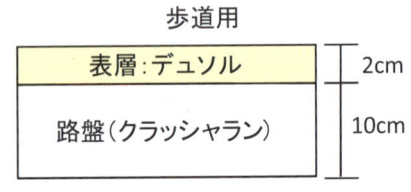

歩道用

表層：デュソル	2cm
路盤（クラッシャラン）	10cm

※管理車両の通行がある場合は、路盤厚さを15cmとする。

【参考資料2】

2．工法の特長

・自然土の風合いを活かした舗装材のため、周囲の景観と調和します。
・適度な弾力によってソフトな歩行感が得られます。
・透水性・保水性の機能により、アスファルト舗装に比べて路面温度の上昇を抑制できます。
・晴天時の埃の発生がなく、降雨による泥濘化やぬかるみがなく、すべりにくく、快適な歩行感を有しています。
・バインダに使用する特殊ウレタン樹脂は、1液性の湿気硬化型ウレタン樹脂を用いているため、混合時の煩雑さが少なく、低温時の硬化性に優れます。
・混合は、ミキサーにより現場内で混合します。施工は主に人力施工で行い、特殊な機械を必要としません。

（路面温度の低減効果）

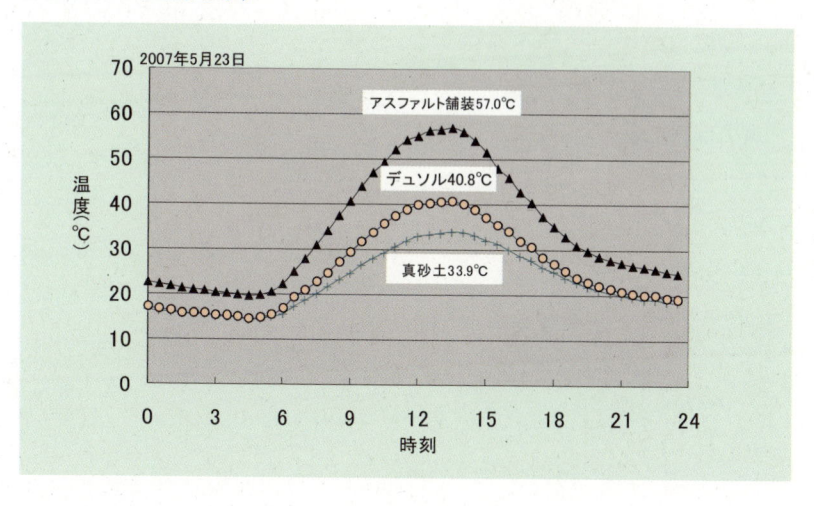

2007年5月23日
アスファルト舗装57.0℃
デュソル40.8℃
真砂土33.9℃

（衝撃吸収性と反発弾性の関係）

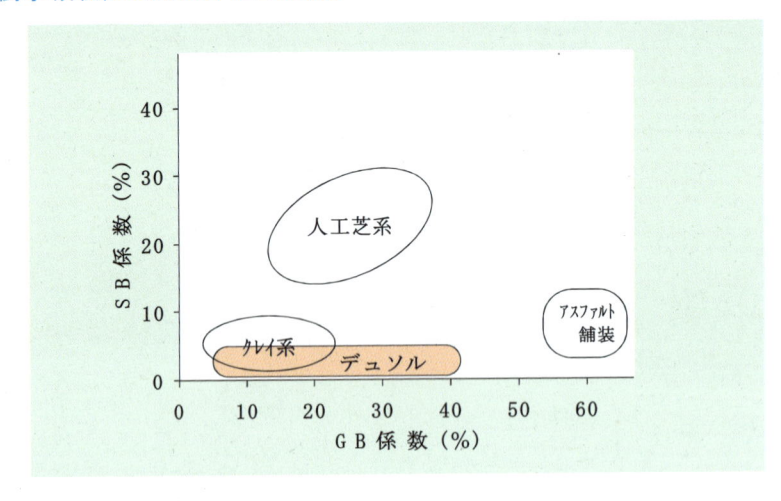

グラフ：縦軸 SB係数（%）0〜40、横軸 GB係数（%）0〜60
- 人工芝系
- クレイ系
- デュソル
- アスファルト舗装

3．適用箇所
・歩道、遊歩道、園路、ジョギングロードなど
・文化施設、遺跡、史跡、建物などの外構

4．使用材料および配合

材料	乾燥まさ土	珪砂または乾燥砂	BBセメント	ウレタン樹脂	水
質量配合比	80	20	1.5	6	6〜11
	100				

※搬入したまさ土の含水比を計測し、水量補正を行う。
※寒冷地仕様ではウレタン樹脂を増量します。

【参考資料2】

5．施工手順

施工フローを以下に示す。

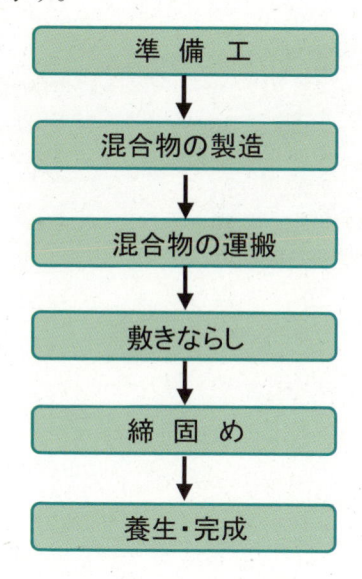

```
準 備 工
   ↓
混合物の製造
   ↓
混合物の運搬
   ↓
 敷きならし
   ↓
 締 固 め
   ↓
 養生・完成
```

6．注意点

・施工延長が長い場合は、混合物の収縮によるひび割れの発生を予防するため、目地を設ける場合があります。

・気温が5℃以下になる場合は、凍上、凍害を受ける可能性がありますので、この時期の施工はできるだけ避けてください。

・施工後、通常1日で交通開放できますが、冬期間は最大で3日間の養生を要する場合があります。

・雨水が滴下する箇所（例えば、樹木や建物屋根の周りなど）は、洗掘や表面の荒れが生じやすい傾向にあります。

・地下水位の高い場所や湧水のある箇所は、破損しやすい傾向にありますので避けてください。

7．施工状況

混合状況

- 現場混合のため、練り場が必要です。
- まさ土の含水比を確認後、配合補正を行います。
- ミキサ容量から1バッチ量を求め、各材料を計量します。
- 各材料をミキサへ投入後、約3分混合します。

敷きならし状況

- 搬入された混合物は少量ずつ荷下ろしし、レーキ等を用いて、平滑に敷きならしを行います。
- 仕上がり厚さ2cmの場合、敷きならしは3cmで行います。

【参考資料2】

締固め状況

・敷きならされた混合物は、速やかに幅広のビブロプレートを用い2回程度で締め固めます。
・ビブロプレート等、樹脂の付着防止にシンナーなどを用います。

養生

・舗設後12時間以内に降雨が予想される場合や冬季施工などでは、シート養生を行います。
・通常1日で交通開放できますが、冬期間は最大で3日間の養生を要する場合があります。

8．施工事例

（滋賀県甲賀市土山）

（大阪府八尾市太子堂）

（千葉県千葉市美浜区浜田）

≪問い合わせ先≫

㈱佐藤渡辺　事業本部営業統括部

〒106-8567　東京都港区南麻布1-18-4　Tel 03-3453-7350　Fax 03-5476-0695

東亜道路工業㈱　営業1部

〒106-0032　東京都港区六本木7-3-7　Tel 03-3405-1810　Fax 03-3403-7689

【参考資料２】

（参考：環境安全性試験結果）

含有試験		項目	分析結果	適否	基準(mg/kg)
第二種特定有害物質	（重金属等）	カドミウムおよびその化合物	<15	適合	150以下
		六価クロム化合物	<25	適合	250以下
		シアン化合物	<5.0	適合	50以下
		水銀その化合物	<1.5	適合	15以下
		セレンおよびその化合物	<15	適合	150以下
		鉛およびその化合物	<15	適合	150以下
		砒素およびその化合物	<15	適合	150以下
		フッ素およびその化合物	<100	適合	4000以下
		ホウ素およびその化合物	<100	適合	4000以下

溶出試験		項目	分析結果	適否	基準(mg/L)
第一種特定有害物質	（揮発性有機化合物）	四塩化炭素	<0.0002	適合	0.002以下
		1,2-ジクロロエタン	<0.0004	適合	0.004以下
		1,1-ジクロロエチレン	<0.002	適合	0.02以下
		シス-1,2-ジクロロエチレン	<0.004	適合	0.04以下
		1,3-ジクロロプロペン	<0.0002	適合	0.002以下
		ジクロロメタン	<0.002	適合	0.02以下
		テトラクロロエチレン	<0.001	適合	0.01以下
		1,1,1-トリクロロエタン	<0.001	適合	1以下
		1,1,2-トリクロロエタン	<0.0006	適合	0.006以下
		トリクロロエチレン	<0.001	適合	0.03以下
		ベンゼン	<0.001	適合	0.01以下
第二種特定有害物質	（重金属等）	カドミウムおよびその化合物	<0.001	適合	0.01以下
		六価クロム化合物	0.01	適合	0.05以下
		シアン化合物	<0.1	適合	検出されないこと
		水銀その化合物	<0.0005	適合	0.0005以下
		うちアルキル水銀	<0.0005	適合	検出されないこと
		セレンおよびその化合物	<0.001	適合	0.01以下
		鉛およびその化合物	<0.001	適合	0.01以下
		砒素およびその化合物	0.001	適合	0.01以下
		フッ素およびその化合物	<0.1	適合	0.8以下
		ホウ素およびその化合物	<0.1	適合	1以下

※<は定量下限値以下を表す

【編集者】
独立行政法人　土木研究所
　　道路技術研究グループ舗装チーム
　　　　　　　　　上席研究員　　久　保　和　幸
　　　　　　　　　主任研究員　　加　納　孝　志
　　　　　　　　　研　究　員　　川　上　篤　史

【共同研究参画者名簿】
鹿島道路株式会社
　　　生産技術本部　技術部　　　　　　　　部　　　長　　海老澤　秀治
　　　　　　　　　　　　　　　　　　　　　副　部　長　　水野　　渉
　　　　　　　　　　　　　　　　　　　　　次　　　長　　山埜井　明弘
　　　　　　　　技術研究所　第一研究室　　室　　　長　　加藤　寛道
株式会社NIPPO
　　　研究開発本部　技術研究所　　　　　　部　　　長　　加藤　義輝
　　　　　　　　研究第２グループ　　　　　副主任研究員　河野　圭吾
　　　舗装事業本部　生産技術機械部　生産技術グループ　研　究　員　　山田　和弘
日本道路株式会社
　　　技術研究所　第一研究室　　　　　　　室　　　長　　中原　大磯
　　　　　　　　　第二研究室　　　　　　　室　　　長　　野田　悦郎
ニチレキ株式会社
　　　開発部　　　　　　　　　　　　　　　部　　　長　　緑川　　宏[※1]
　　　　　　　　　　　　　　　　　　　　　部　　　長　　飯田　一郎[※2]
大成ロテック株式会社
　　　生産技術本部　技術部　　　　　　　　部　　　長　　小林　昭則[※3]
　　　技術研究所　　　　　　　　　　　　　所　長　代　理　鈴木　秀輔[※4]
　　　　　　　　　　　　　　　　　　　　　課　長　代　理　青木　政樹[※4]
　　　　　　　　　　　　　　　　　　　　　主　　　任　　平川　一成[※3]
株式会社近代化成
　　　技術部　　　　　　　　　　　　　　　部　　　長　　福永　克良
　　　　　　　　　　　　　　　　　　　　　部　　　長　　松下　忠男
東亜道路工業株式会社
　　　技術研究所　　　　　　　　　　　　　所　　　長　　雑賀　義夫[※5]
　　　　　　　　　　　　　　　　　　　　　所　　　長　　村山　雅人[※6]
　　　　　　　　　　　　　　　　　　　　　主任研究員　　多田　悟士
株式会社佐藤渡辺
　　　技術研究所　　　　　　　　　　　　　所　　　長　　源　　　厚
　　　　　　　　　　　　　　　　　　　　　副　所　長　　浅野　嘉津真

※１　参加期間：平成18年７月まで　※２　参加期間：平成18年８月から
※３　参加期間：平成20年３月まで　※４　参加期間：平成20年４月から
※５　参加期間：平成21年３月まで　※６　参加期間：平成21年４月から
参考）大成ロテック株式会社と株式会社近代化成は共同参加
　　　東亜道路工業株式会社と株式会社佐藤渡辺は共同参加

	本資料の転載・複写の問い合わせは 独立行政法人土木研究所 企画部 業務課 〒305-8516 茨城県つくば市南原1-6 電話029-879-6754

土 系 舗 装 ハ ン ド ブ ッ ク（歩道用）

（土木研究所資料　TECHNICAL NOTE of PWRI

No.4128 January 2009）

2009年8月24日　第1版第1刷発行

編　著　　独立行政法人土木研究所
発行者　　松　林　久　行
発　行　　株式会社 大成出版社
　　　　　東京都世田谷区羽根木1-7-11
　　　　　〒156-0042　電話03（3321）4131（代）
　　　　　http://www.taisei-shuppan.co.jp/

©2009 独立行政法人土木研究所　　　印刷　亜細亜印刷

落丁・乱丁はおとりかえいたします。

本書は環境等に配慮して再生紙を使用しています。

ISBN978-4-8028-2891-8

土木研究所　編著の書籍案内

建設汚泥再生利用マニュアル

編著■独立行政法人土木研究所

A4判・312頁・図書コード2830　定価5,250円（本体5,000円）

「建設汚泥の再生利用に関するガイドライン」等、建設汚泥リサイクル促進のための新規施策に完全準拠！
1999年の『建設汚泥リサイクル指針』（小社刊）をベースに、ガイドライン等の解説と、最新の技術的な知見をとりまとめた最新版!!

建設工事における
他産業リサイクル材料利用技術マニュアル

編著■独立行政法人土木研究所

A4判・250頁・図書コード9263　定価4,095円（本体3,900円）

他産業からのリサイクル材料を建設工事に活用するための本邦唯一無二の技術マニュアル！！
原材料の種類ごとに「適用範囲」や「品質・環境安全性の基準と試験方法」、「設計・施工方法などの利用技術」、「利用に当たっての課題」などを取りまとめた。

土木工事現場における現場内利用を主体とした
建設発生木材リサイクルの手引き（案）

編著■独立行政法人土木研究所

B5判・130頁・図書コード9242　定価1,995円（本体1,900円）

「建設リサイクル法」で再資源化等が義務付けられている建設発生木材。土木工事での現場内利用を中心に、法制度や木質の特性を活かしたリサイクル方法を詳しく紹介！

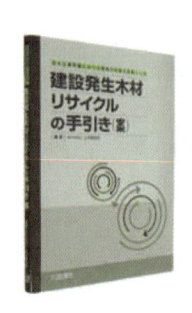

発行・発売／株式会社　大成出版社